공립 중등학교 교사 임용후보자 선정경쟁시험(2차 시험)

수험생의 필독서!!

백광일 · 김덕희 지음

수학과 교수 · 학습 지도안 작성 및 수업능력(수업 실연) 평가

수우당

지은이

백 광 일

- 現) 마산무학여자고등학교 수학 교사
- 경상대학교 사범대학 수학교육과 졸업
- 경남대학교 교육대학원 수학교육 전공 졸업
- 現) 경남교육청 아이톡톡 개발 TF 위원
- 現) 경남교육청 교-수-평-기 일체화 강사
- 前) 경남교육청 지능형 수학과제관리시스템 개발 TF 위원
- 前) 경남교육청 공교육논술지원단 수리논술 강사
- 前) 경남교육청 선행출제 점검단
- 前) ㅇㅇ공무원 공개경쟁 채용시험(수학) 출제
- 前) EBS 수능특강, 수능완성 검토
- 주 연구 분야: 대입 진학, 수학 수업 개선
- 저서 : 『학생부 끝판왕(인문 · 사회 · 교육편)』
  『학생부 끝판왕(자연 · 공학 · 의생명 · 경상 · 교육편)』
  『교육과정-수업-평가-기록 일체화 함께해요(수학과)』
- 언론 기고 : 에듀인뉴스, 대학저널 등

김 덕 희

- 前) 중등학교 수학 교사 역임(1982. 03.~2021. 02.)
- 경상대학교 사범대학 수학교육과 졸업
- 경상대학교 교육대학원 수학교육 전공 졸업
- 경상남도교육청 학생부현장지원단(2015~2020)
- 서울여대 입시자문위원(2016~2019)
- 경상남도교육감 상장 및 표창장 다수
- 황조근정훈장

후배들을 생각하며…

수학 교사로 걸어왔던 길을 잠시 멈춰 뒤를 돌아본다. 어렴풋이 지나간 기억들이 스쳐 지나간다. 임용을 준비하던 풋내기 시절과 처음 시작하는 교직 생활의 모습들.

누구나 처음 가는 길은 매사가 서툴고 어설프다. 하지만 함께 하는 벗과 스승이 있었기에 힘든 순간들을 참으며 여기까지 올 수 있었다. 물론 교직의 첫발을 내딛는 순간의 떨림은 여전히 가슴 속에 머물러 있다.

지난 시간을 곱씹어본다. 가장 힘든 순간이 언제였냐고 물으면 단연코 수업을 준비하고 깊은 밤까지 고민했던 시간이라 말하고 싶다. 혼자 머릿속으로는 완벽한 수업이라고 생각했지만, 막상 아이들과 부딪히는 과정에서 여러 시행착오를 겪었다. 그러면서 교수 · 학습 지도안의 중요성을 깨달았다. 아마 여러분도 지도안 작성을 고민하며 같은 감정을 느꼈을 것이다.

더욱이 임용시험을 준비하는 입장에서 지도안 작성의 방향성을 이해하는 것은 어려운 일이다. 나만의 비법이 담긴 내용을 구성한다는 것은 참으로 쉽지만은 않을 거다. 그런 후배들을 위하는 마음을 이 책에 가득 담았다. 작게는 임용 2차 시험을 준비하는데 도움을 주고, 크게는 새내기 교사 생활을 해나가는 길에 선배로서 응원과 노하우를 전해주고 싶다.

이제부터는 여러분들의 몫이다. 첫 페이지를 열며 자신감을 얻고, 마지막 페이지를 닫으며 수학 교사로서 자부심을 가졌으면 한다. 만인에게 인정받는 후배들의 모습을 상상하며 합격과 성공의 기운을 전달하리라.

2021년 8월

저자 백광일 · 김덕희

목 차 CONTENTS

I

두근두근, 임용 2차 시험을 준비하며

지도안이 전해주는 카오스(Chaos)

기나긴 1차 시험의 전쟁터를 지났지만 잠시 숨을 돌릴 틈도 없이 2차 시험으로 마음이 조급해질 수 있다. 특히 **'교수 · 학습 지도안 작성'**과 **'수업 능력평가'**라는 보다 현실적인 난관 앞에서 어쩌면 수험생들은 큰 혼란에 직면할 수 있다.

수학 전공과목이나 교육학은 대학 4년간 꾸준히 공부해왔던 내용이고 눈에 익어 있다. 하지만 교수 · 학습 지도안 작성과 실제 수업이야말로 **현장과의 거리감이 일정 부분 존재**할 수밖에 없다.

그나마 기간제 교사 경험이 있거나 과외, 학원 등으로 중 · 고등학생 대상 수업을 진행하면서 교육과정 구성과 교과서 내용을 어느 정도 접해보았을 거다. 그렇지만 순수하게 임용에만 매진했던 분들에게는 최소 4년 또는 그 이상의 거리로 인해 기억이 가물가물하지 않을까 생각한다.

대학에서 배운 전공 지식이 **중 · 고등학교 때의 기억**을 삼켜버린다.

물론 교육실습을 통해 지도안 작성을 일부 경험했을 수도 있다. 좋은 멘토 교사로부터 교육과 훈련을 받았던 경험이 문득 떠오를지도 모른다. 하지만 교육실습생의 입장이었기에 수업의 목적과 방향성에 대해 정확히 배우고 이해한 상황은 아니었을 거다. 이는 **자연스레 교수 · 학습 지도안 작성에 있어 어려움을 수반**한다.

임용 준비를 위한 필독서(必讀書)

2차 시험에 임하는 수험생들에게 있어 가장 중요한 부분은 무엇일까?

수험생들의 머릿속에 떠오르는 것은 아마도 중·고등학교 수학 교과서 출판사에서 제공하는 **'교사용 지도서'**를 교재로 삼아 내용 분석 및 전략을 세우는 것이리라. 대부분의 수험생들은 현직에서 직접 지도안을 작성해서 수업해본 경험이 적을 것이다. 그렇기에 교사용 지도서를 **배움과 연구의 표본으로** 삼는 것은 이전까지 최선의 방법이지 않았을까?

그런 여러분들을 위해 **선배 교사로서의 경험**을 엮어보았다. 교과서, 교사용 지도서, 수업 경험의 총체를 담은 이 책을 **2차 시험 준비의 새로운 교재로 삼았으면** 한다. 교수·학습 지도안을 작성하기 위한 과정을 함께 알아가며 미처 몰랐던 부분도 채우고, 더 좋은 수업으로 발전시켜 나가기 위한 노력도 이어갔으면 한다.

여느 수업이나 배움에 있어 **어떤 '교사'로부터 어떤 '내용' 을 배우는지는 가장 기본적인 요소인 동시에 근본적으로 가장 중요한 요소**이지 않을까 싶다. 지나간 학창 시절이나 교생 실습 때의 모습을 한 번 떠올려 보기 바란다.

수학 임용을 준비하는 상황에서 위의 **'교사' 로서의 역할이 '이 책의 내용'이 되기를 바란다.** 물론 모든 내용을 책 속에 담고 있는 것은 아니지만 적어도 수업에 관한 가장 직접적인 이야기를 포함한다는 것은 분명하다.

이제 교수·학습 지도안 작성에 관한 스토리를 이어가 보려 한다. 큰 부담 없이 찬찬히 읽다 보면 어느새 머릿속에 작성 틀이 떠오르고, 수업 능력평가를 위한 구상이 자리 잡고 있을 거다.

교사라는 멋진 꿈을 향해 나아가는 여러분들에게
조그만 도움이 되었으면 좋겠다.

Ⅱ

교사용 지도서 바로 알기

1. 수업 준비를 위한 첫걸음
2. 선택의 딜레마(Dilemma)
3. 백지장도 맞들면 낫다

수업 준비를 위한 첫걸음

실제 수업을 위해서 **수업 전반의 흐름을 구상**하는 과정이 필요하고, 이를 구조화시키는 **교수·학습 지도안 작성이 선행**되어야 한다. 이때 교사용 지도서를 기반으로 항목별 요소를 틀 안에 채워나가는 것이 일반적인 과정이라 생각해도 좋다.

그러므로 교수·학습 지도안 작성 및 수업 능력평가를 위한 준비에 있어 가장 먼저 수반 되어야 할 움직임은 **교사용 지도서 내용을 분석**하는 것이다.

지도서를 문제 풀이 참고용으로 활용하는 교사는 하수!
이론적 배경, 지도상의 유의점, 교수·학습 자료를 함께 활용하면 **고수!!**

하수가 될지 고수가 될지는 스스로 판단하자.!!!

선택의 딜레마(Dilemma)

현재 시중에 출판되고 있는 교과서는 **중학교 10종, 고등학교 9종**이다. 중학교 교과서의 경우 '교학사, 금성, 동아(강), 동아(박), 미래엔, 비상교육, 좋은책신사고, 지학사, 천재교육(류), 천재교육(이)'가 있다. 고등학교 교과서의 경우 '교학사, 금성, 동아, 미래엔, 비상교육, 좋은책신사고, 지학사, 천재교육(류), 천재교육(이)'가 있다.

2015 개정 교육과정이 적용되고 있는 현재의 중학교 1~3학년과 고등학교 1학년은 **'국가 수준 공통교육과정'**이므로 각 출판사에서 제공되는 교과서와 교사용 지도서의 내용에는 큰 차이가 없다. 즉, 어느 출판사를 선택하는지는 중요하지 않다는 것이다.

다만 교사용 지도서 내용 구성상의 **흥미 유발** 요소에는 출판사별 저마다의 특색이 있으므로 보다 철저한 준비를 위해서는 **최소한 3개 이상의 지도서를 참고**하는 것이 좋다.

실제 현직 교사들도 양질의 수업 준비를 위해 **적게는 2종, 많게는 4종**의 시중에 판매되는 교과서와 교사용 지도서를 비교·분석한 후, 다양한 예시와 소재를 활용하여 **자신의 수업을 디자인**하고 있다.

수업 준비를 해본 입장에서는 **참고문헌의 개수가 많을수록**
학생들과 공유할 수 있는 내용의 질이 높아졌다.
(**수업 만족도**는 수업을 준비하는 시간에 비례한다.)

백지장도 맞들면 낫다

예전에는 교사용 지도서가 대중화되어 있지 않았기에 현직에 계신 선배를 통하거나 인쇄소를 순회하며 복사본을 구하는 등의 노력을 했었다. 오늘에는 시대의 흐름에 맞추어 홈페이지나 웹사이트를 통해 무료로 지도서 PDF 파일을 공유하는 출판사도 있으므로 아날로그적인 노력은 다소 줄어들 수 있다. **혼자서 준비하더라도 걱정할 필요가 없다**는 뜻이다.

스터디 그룹 형태로 **2차 시험을 함께 준비하는 구성원들과의 협력**이라면 더욱 든든한 힘을 얻을 수도 있을 것이다.

정보는 공유하면서 쌓여간다는 기본 원리는 기억하자.
(내 것을 나누면 2배 이상으로 돌아온다는 마음으로)

자료 수집에 목적을 둔 나머지 좋은 자료를 구하기 위해 온 힘을 쏟는 것은 그리 바람직하지 않다. 가장 중요한 것은 내가 구한 자료를 **자신에게 맞게 효율적으로 활용**해서 최선의 결과로 연결하는 것임을 잊지 말자.

세상에서 제일 좋은 자료란 없다.
내 능력으로 구할 수 있는 수많은 것들 중에서
나에게 가장 알맞은 것을 찾아 **내 것으로 만드는 노력이 중요**할 뿐...

III

교수 · 학습 지도안 작성의 실제

1. 너는 도대체 누구니?
2. 하나씩 톺아보기
3. 단계별 분석

너는 도대체 누구니?

어떤 목적에서든 글을 쓰거나 보고서를 작성할 때, **처음부터 끝까지 한 번에 써 내려가는 사람은 극히 제한적**이다. 물론 프로페셔널한 경우는 다르겠지만 대부분 경험이 적거나 위의 상황이 낯선 사람에게는 더없이 어려운 상황이 펼쳐지리라 생각한다.

소설이나 시를 쓰는 것만 글을 쓴다고 생각하지 말자.
'교수 · 학습 지도안도 하나의 완성된 작품'이라는 마음을 가져야 한다.

수업 능력평가를 위한 **지도안 작성도 일반적인 글쓰기와 마찬가지**의 과정을 거칠 필요가 있다. 물론 '머릿속에 떠오르는 대략적인 내용으로 1차시 분량을 구성해서 지도안을 작성하고 수업으로 연결하면 그만이지.'라고 생각하는지도 모른다.

막연한 생각으로 수업을 준비하면
교수 · 학습 지도안은 완성되겠지만 **수업은 엉망이 되기 쉽다**.

수업이라는 것은 결코 간단히 준비해서 이루어질 수 있는 것이 아니다. **'평가자(교사)의 시선'과 '수업에의 적용'을 동시에 고민**해야 하기에 **충분한 준비와 대응이 필수**적이다. 따라서 지도안의 구조를 이해하고, 이를 작성하기 위한 방향성과 유의점을 미리 알아두는 것은 상당히 유용할 것이다.

가. 이것만은 기억하자!

흔히 지도안을 구성하는 주요 4가지 요소를 말하라면 **'교사의 행동'**, **'교사와 학생의 상호작용'**, **'판서'**, **'시각적 효과'**를 꼽을 수 있다.

물론 개인마다 강조하는 부분이 다를 수도 있지만 큰 맥락에서는 **수업을 만들어가는 두 주체(교사 & 학생)와 도구 및 활용이 가장 우선**이라고 생각한다. 지도안에서 위의 4가지 요소는 각각 글자와 그림으로 표현되므로 서마다의 특징을 파악하고 있는 것이 중요하다.

교사나 강사마다 강조하는 내용은 충분히 상이할 수 있다.
전지적 작가 시점에서 수업 상황을 들여다본다면
교수 · 학습 지도안 작성에서 가장 중요한 부분이 뚜렷하게 보일 것이다.
(내가 하는 수업이지만 **평가자를 위한 수업이기도 하다.**)

1) 교사의 행동

교사의 행동은 평서문으로 표현한다. '설명하는 문장'이라는 뜻을 지닌 평서문은 말하는 이가 주제와 내용을 **꾸밈없이 있는 그대로 평범하게 전달**하는 것이다. 교수-학습 상황에서 나타날 수 있는 교사로서의 행동을 간결하게 작성해야 한다.

평서문은 있는 그대로 객관적인 입장에서 서술하기 때문에
문장으로 표현할 때는
인위적인 느낌이 없는 장점이 있지만
말로 나타날 때는
딱딱하고 무미건조한 인상을 주기도 한다.

예를 들어 학습 목표를 읽어야 하는 상황이라면

'교사는 전체 학생들에게 해당 차시의 학습 목표인 『두 집합 사이의 포함 관계를 이해한다.』를 큰 소리로 모두 읽게 한다.'

와 같이 지나치게 구체적으로 표현하기보다

'교사는 PPT에 나타난 학습 목표를 학생들이 큰 소리로 읽도록 지도한다.'

와 같이 **간결하게 전달**하는 것이 좋다. 즉, 수업 상황에서 교사의 행동이 나타나는 부분을 **사실적**으로 드러낸다고 생각하자.

2) 교사와 학생의 상호작용

교사와 학생의 상호작용은 대화문으로 표현한다. '대화의 형식으로 이루어진 글'이라는 뜻을 지닌 대화문은 책 속의 등장인물들이 대화하는 것처럼 **수업 속 주인공인 교사와 학생의 대화**를 담아야 한다.

물론 수업이라는 특수성이 존재하기에 개념과 내용 측면을 포함해야겠지만 지나치게 전문적인 용어를 사용하기보다 단순하면서도 **명료한 용어**를 사용함으로써 의미를 전달하는 것이 중요하다.

대화의 상대가 학생이라는 점을 기억하자.
어려운 용어를 쓴다는 것은
상대방의 눈높이를 맞추지 못한다는 인상을 줄 수 있다.

학생 중심으로 수업이 전개되는 것이 교사 중심인 수업보다 교수· 학습 측면에서 더욱 바람직하다. 대화문 속에는 **학생들이 할 수 있는 질문이나 지도상의 유의점 그리고 교사의 강조 사항** 등을 중심으로 내용을 구성하는 것이 지도안 작성에서 유리할 수 있다.

3) 판서

판서는 수업 상황을 충분히 고려한 후, **맥락 단위로 제시**하며 수업 구성 방향과 정도를 표시한다. 주로 **네모 박스, 구름 박스, 점선** 등을 사용하는데, 지도안 작성 이후에 진행되는 수업 능력평가의 연동을 고민한 흔적이자 **전체 수업의 흐름을 이해**하는 데 도움을 제공할 수 있다.

전체 내용을 필기하는 것은 불가능하다.
정해진 시량을 충분히 고려한 후,
자신이 **강조하고 싶은 내용**을 위주로
판서 계획을 구성하는 것이 포인트!

평가자는 수업 실연자의 **수업 이해도**를 파악하는 데 도움을 받을 수 있다. 반대로 지도안을 작성하는 사람은 수업 능력평가 상황에서 자신의 **수업 목적성**을 드러낼 수 있다.

4) 시각적 효과

시각적 효과는 **표나 그래프 또는 연산 과정** 등을 시각화함으로써 **수업 전개의 보조도구로 활용**될 수 있다. 물론 이러한 효과를 사용하지 않는다고 해서 불리한 점은 없다. 하지만 장문을 표현하거나 문제 풀이 과정을 상세하게 보여줘야 하는 경우라면 위와 같은 효과를 사용함으로써 **수업의 핵심 요소를 정확하게 전달**할 수 있다.

중 · 고등학생들은 말과 글로 표현하는 것을
어려워하는 경향이 많다.
시각적인 자극이 동반된 의미 전달은
인지적 자극뿐만 아니라
학생들의 눈높이로 교사가 대한다는 인상을 줄 수 있다.

더욱이 '함수의 그래프', '개념 사이의 관계' 등은 학습자에게 말로써 여러 번 설명하는 것이 오히려 부정적이라는 의견도 있는 만큼 시각 자료를 효과적으로 사용함으로써 학습에 긍정적인 영향을 미칠 수 있는 부분을 고민하는 자세도 필요하다.

나. 만능 간장을 사용하면 나만의 레시피가 완성될까?

1) 레시피 따라하기

지도안 작성을 위한 자료와 정보를 찾다 보면 반드시 한 번 이상은 접해보는 것이 바로 **'만능 틀'**이다. 마치 모 요리 프로그램에서 사용하는 만능 간장처럼 누구든 정해진 틀에 해당 단원 내용을 대입하면 어느 정도 비슷한 모양을 갖추는 동시에 **일정 수준 이상의 지도안을 작성**해낼 수 있다. 그 예를 살펴보면

'동기유발 소재를 **스크린으로 제시**하고, 교사와 학생이 **상호작용**한다.'

'<자료>를 **학습지로 제시**하고, **4인 1조**로 토론하도록 안내한다.'

'**순회 지도**를 통해 학생의 특성에 맞는 **피드백**을 제공한다.'

'학생들의 **발표예시**를 공유한다.'

'모둠 간 **상호 질의응답** 시간을 갖도록 한다.'

'**자기평가**를 통해 **학습 목표 달성 정도**를 확인한다.'

등이 있으며, 초·중등이나 과목 간의 차이는 일부 존재할 수 있다.

지도안 작성에 대한 두려움이 앞서거나 처음 시도하는 입장이라면 사막에서 오아시스를 찾은 것 마냥 **설레는 마음**과 작성 이후의 **성취감**에 사로잡힐 수 있다.

여행 중 방향을 잡지 못해 갈팡질팡하는 이가
친절한 안내자를 만나 자세한 설명을 듣는 순간
지나간 갈증이 씻기면서
새로운 발걸음이 한결 가벼워지는 것 같은 마음일 거다.

2) 나만의 레시피(recipe)

하지만 여러 번의 경험을 거친 이들에게는 그저 **참고문헌 수준**에 그친다는 것을 깨닫는 데는 그리 오랜 시간이 걸리지 않는다. 물론 초짜 여행자를 인도하는 가이드북의 역할로서는 충분히 좋은 방법이지만 결국은 **자신만의 수업과 지도안**이 만들어져야 하기에 '지나치게 만능 틀에 의존하는 모습은 그리 바람직하지 않다.'고 생각한다.

유명한 맛집을 가보면
저마다 **자신만의 레시피**를 가지고 있다.
그 누구도 따라할 수 없는

그렇다고 해서 만능 틀을 참고하지 말라고 하는 것은 아니다. 모방하려하거나 의존하는 태도를 줄이라는 말이다. 선배 교사들의 길라잡이에서 **좋은 부분은 발췌하여 자신의 것으로 활용하는 것은 응용력이 뛰어난 것**이며, 최종적으로는 나만의 만능 틀을 만들어나가는 과정으로 생각하는 것이 중요하다.

같은 교과서의 똑같은 내용을 갖고서도 모든 선생님들의 수업 전개와 내용이 다르듯 교수·학습 지도안 작성 역시 **개개인의 장점과 개성을 지닌 모습을 가지는 것이 최선**임을 꼭 잊지 않았으면 좋겠다.

다. '길거나 혹은 짧거나'

출제된 단원의 특성에 따라 지도안 분량을 초과하거나 부족한 상황이 발생할 수 있다. 양이 넘치는 경우는 **군더더기를 제거**하거나 장문을 **시각화**하는 등의 방법으로 양을 줄이는 것이 상대적으로 쉬운 방법이다.

표, 그래프, 그림, 식 등을 활용하면
긴 문장을 **짧게 표현**하면서도 **시각적으로 강조**할 수 있다.

하지만 반대의 경우는 굉장히 당황스러울 수 있다. 무(無)에서 유(有)를 창조하는 것이 가장 고통스럽다는 말이 그냥 나온 것은 아닐 테다. 실제 합격 사례를 보면 빈칸을 두었음에도 합격과 불합격에 영향을 미치지 않았던 경우도 있었지만 준비하는 입장에서 **빈 공간을 둔다는 것은 불안감만 증폭시킬 뿐**이기에 어떻게든 방법을 찾아야 마음이 편안해질 것이다.

이때 좋은 방법이 바로 **'지도상의 유의점'**을 활용하여 평서문(교사의 행동을 나타내는 문장)이나 대화문(교사와 학생의 상호작용을 나타내는 문장)을 구성하는 것이다. 예를 들어

'교사는 모둠별로 협력학습을 진행하도록 안내한다.'
⇩
'교사는 학생들에게 모둠별 협력학습을 진행하도록 함으로써 긍정적인 **상호 의존성**을 바탕으로 자료를 나누어 사용하고, **개인의 책무성**이 더해져 **인간관계**와 **상호작용**이 원활하게 일어날 수 있도록 한다.'

와 같이 수정한다면 지도안 작성 분량이 증가하며, 수업이 구체적으로 진술됨으로써 교수·학습에도 긍정적인 영향을 미칠 것이다.

하나씩 톺아보기

가. 수험생 유의사항

1) 시험 시간: 60분
   - 초안 구성과 답안지 작성 시간을 배분 (답안지 교체 시간 고려)

2) 사용 도구: 검은색 펜
   - 수정 시 두 줄 긋기
   - 연필, 사인펜, 수정 테이프, 수정액은 사용 금지

3) 문항에서 **요구하는 내용의 가짓수만큼**만 답안으로 작성
   - 처음 작성한 내용부터 가짓수만큼만 순서대로 채점

4) 개인 정보나 특정 부분을 강조하는 표시 금지
   - 답안지 전체가 채점되지 않음 (사실상의 부정행위)

5) 부정행위 금지
   - 반드시 시험 종료 전까지 답안지 작성
   - 문제지와 초안 작성 용지를 함께 제출

나. 지도안 문제지

1) 단원: '대단원 → 중단원 → 소단원' 순서로 제시

2) 단원의 지도 계통: 중단원의 구성 순서 및 수업 차시

3) 지도안 작성 시 유의사항
- [자료]를 활용하여 [수험생 작성란]에 포함해야 하는 내용을 안내
- 실제 수업 상황을 염두하고서 구체적으로 작성
- 교사와 학생의 의사소통이 이루어지도록 하는 교사의 발문을 포함

4) 수업 상황: 인원, 수업 방식, 수업 자료, 평가 방법

5) [자료]: 표, 그래프, 예제 또는 문제, 개념 또는 정의
- 제시된 [자료]는 반드시 활용
- 다른 자료를 추가해서 답안지를 구성하는 것도 가능

다. 지도안 답안지

1) 진한 색 부분은 사전에 인쇄되어 있으므로 **작성하지 않음**
   - 단원, 차시, 학습 목표, 도입(주의 환기, 학습 목표 등), 전개(예제, 개념과 용어 등), 정리(형성평가, 차시 예고, 인사)

2) 옅은 색 부분은 점선으로 구분되어 있으며 **수험생이 실제로 작성**
   - 대부분 [수험생 작성란] 3개로 구성
   - 주로 도입 단계에서 [수험생 작성란 1]을 제시
   - 전개 단계에서는 서로 다른 활동으로 [수험생 작성란 2]과 [수험생 작성란 3]을 제시

3) [수험생 작성란 1]은 **선수학습 확인** 또는 **동기유발** 영역을 작성

4) [수험생 작성란 2], [수험생 작성란 3]은 **모둠활동, 문제 풀이 과정, 개념 설명** 등을 작성

단계별 분석

가. '도입' 단계

본 수업이 시작되는 단계로써 **약 5~10분** 정도의 시간 동안 주의를 환기하고 전시학습을 확인한다. 본시 학습을 위한 동기를 유발한 후, 학습 목표 확인을 통해 학습 문제를 설정한다.

1) 주의 환기

인사 및 출석을 확인한다.

2) 선수학습 확인

본시 학습과 관련지어 지난 시간에 학습했던 주요 내용을 확인한다. 문답 형식이나 퀴즈 등을 활용하여 참여도를 높이고, 기억을 떠올리게 한다.

3) 동기유발

생활 주변에서 쉽게 접할 수 있는 소재나 시청각 자료를 활용하여 **학습자의 관심을 유도**한다. 동기유발 소재가 없다면 주어진 학습 목표에 도달했을 때, **스스로 할 수 있는 것이 무엇인지**를 알려주는 것도 좋다.

4) 학습 목표

소단원별 학습 목표를 구체적으로 제시한다. 교사가 직접 제시하여 함께 읽어보는 것이 일반적이나 **자발성의 원리**를 적용하여 학습자와 상호작용 과정에서 **자연스럽게 학습 목표를 인식**하게 하는 것도 좋다.

도입 단계는 소개팅에 비유하자면 **'첫인상'**과 비슷하다.
시작할 때의 분위기와 흥미 유발이 **수업의 과정과 결말을 좌우**한다.

나. '전개' 단계

본시 학습이 전개되는 단계로써 학습 문제 해결을 위하여 **학습활동을 안내**하고, 해결 방법에 따른 **수업 방법을 적용**함으로써 **최종적으로 학습 목표를 달성**하는 과정으로 이어진다.

1) 모둠활동

개별 학습 및 활동이 이루어지고 난 후, 모둠(소집단) 활동으로 연결한다. 교과서를 중심으로 인쇄 자료, 태블릿 PC, 모둠별 칠판 등을 활용하고 **토의나 토론의 기회를 부여**함으로써 모둠원들 간의 소통, 배려, 존중 등 **인성적 가치가 가미**될 수 있도록 한다.

2) 실생활 활용

수학의 실용적 가치를 드러낼 수 있는 소재를 바탕으로 한 문제를 제시하고 이를 관련 단원의 정의와 개념을 바탕으로 문제를 해결하는 과정을 보여준다. 단순히 문제 풀이에만 초점을 맞추기보다는 생활 속 상황에서 **수학이 필요하다**는 것을 함께 전달할 수 있으면 더욱 좋다.

3) 순회지도

개별 학습자들의 현재 **학습 상황을 점검**하고 정보 제공, 조언, 피드백 등을 바탕으로 상호작용을 이어간다. 눈으로만 보면서 돌아다니는 것이 아니라 **학생들의 눈높이에 맞추어 직접 설명하고 질문**하며 호흡해야 한다. 가능한 **전체 발표로 연결**을 시켜 해결 방법을 공유하고 함께 생각해 보는 기회를 제공하는 측면도 필요하다.

전개 단계에서는 **학생을 바라보는 시선**이 중요하다.
'당연히 교사의 수업 의도를 알고 있을 거다.'라는 생각보다는
'구체적으로 설명해주고 소통한다.'라는 마음으로
학생들에게 다가가는 것이 중요하다.

다. 정리 단계

본시 학습이 마무리되는 단계로써 **학습한 내용을 요약 및 정리**하고, **일반화** 과정을 바탕으로 **심화 학습**까지 연결할 수 있다. 현재 임용 2차 시험에서는 '응시자 작성 부분'으로 출제되지 않지만 실제 교실 수업 상황에서는 중요한 부분이다. 임용 이후에는 해당 부분을 포함하여 교수·학습 지도안을 작성하는 것이 좋다.

1) 형성평가

본시 **학습 목표의 도달 여부를 확인**하는 것을 기본 목적으로 하며, 1~3개 문항을 제시함으로써 수행 정도를 점검할 수 있도록 한다. 반드시 **피드백 활동으로 연결**을 시켜야 하며, 평가 **결과보다는 과정**에 더욱 초점을 맞추는 것이 학습자의 지속적인 학습에 긍정적인 영향을 줄 수 있다.

2) 차시 예고

다음 시간에 학습할 내용에 대한 핵심적인 부분을 확인함으로써 **호기심을 자극**하고 **자기 주도 학습을 이끄는 장점**이 있다. 간단하게 교과서를 보며 확인하는 방법 외에도 칠판이나 시청각 자료를 활용함으로써 학습자의 관심을 유도하고 미리 공부할 내용을 준비할 수 있도록 한다.

3) 정리

학습 목표에 따른 학습 문제를 확인하고 이를 해결하는 방법을 정리함으로써 중요한 개념과 내용을 요약 및 정리하는 과정이다.

정리 단계의 핵심은 **'피드백'**이다.
보통은 평가에 초점을 맞추는 경우가 많은데,
개별 학생들의 도달 수준과 정도가 모두 다르다.

따라서 수업 이후라도
학생들에게 **개인별 맞춤형 멘트나 자료를 제공**할 수 있도록 한다.

Ⅳ

동기유발 소재 및 주요 용어와 개념

Ⅳ. 동기유발 소재 및 주요 용어와 개념

지도안 작성에 있어 **'수업 상황과 내용'**을 중요시할 수밖에 없다.

특히 1차시의 수업 속에 다루어야 하는 필수적인 **'개념과 용어'**(공식과 문제 포함)를 정확히 이해하고 말로 표현하는 것이 바람직한 수학 교사의 모습이자 학생들에게 신뢰감을 줄 수 있다.

수학이라는 과목의 특성상 수업 동기가 원활하게 부여되어야 학생들을 적극적으로 참여하도록 이끌 수 있다. 그래서 **'동기유발 소재'** 역시 매우 중요하다고 할 수 있다.

가능한 **학생들의 눈높이에서 그들이 관심을 가질 수 있는 요소와 환경을 고민**하여 수업 도입에 활용한다면 여러분이 원하는 수업을 구성하는 데 큰 도움이 될 것이다.

중학교 1학년

가. 'Ⅰ. 수와 연산 - 1. 소인수분해'

소단원	동기유발 소재 및 주요 용어와 개념
1) 소인수 분해	< 동기유발 소재 > · 타일로 직사각형 만들기, 세균의 증식, 암호 만들기 ♣ 동기유발 예시 ♣ 1. **상황**: 정사각형 모양 타일 6장으로 직사각형 만들기 2. **발문**: 직사각형 모양을 만드는 방법이 1가지인 경우는 타일이 각각 몇 장일 때일까요?
	< 주요 용어와 개념 > · 소수, 합성수, 거듭제곱, 밑, 지수, 소인수, 소인수분해
2) 최대 공약수와 최소공배수	< 동기유발 소재 > · 과일을 접시에 나누어 담기, 버스 노선 시간 ♣ 동기유발 예시 ♣ 1. **상황**: 사과 6개와 배 9개를 여러 접시에 나눠 담기 2. **발문**: 각 접시에 사과와 배를 같은 개수만큼 담으려고 할 때, 최대 몇 개의 접시에 담을 수 있을까요?
	< 주요 용어와 개념 > · 서로소

나. ‘Ⅰ. 수와 연산 - 2. 정수와 유리수’

소단원	동기유발 소재 및 주요 용어와 개념
1) 정수와 유리수	< 동기유발 소재 > · 온도계, 이익과 손해, 해발과 해저, 동쪽과 서쪽 ♣ 동기유발 예시 ♣ 1. **상황**: 비접촉식 온도계를 이용하여 온도를 측정 2. **발문**: 영상과 영하의 온도를 어떻게 나타낼까요?
	< 주요 용어와 개념 > · 양의 부호(+), 음의 부호(-), 양수, 음수, 양의 정수, 음의 정수, 정수, 양의 유리수, 음의 유리수, 유리수, 수직선
2) 수의 대소 관계	< 동기유발 소재 > · 수직선 위에서 서로 떨어진 거리, 점의 위치 ♣ 동기유발 예시 ♣ 1. **상황**: 수직선 위에 12가지 동물을 두고 거리 말하기 2. **발문**: 쥐(-6), 소(-5), 호랑이(-4), 토끼(-3), 용(-2), 뱀(-1), 깃발(0), 말(1), 양(2), 원숭이(3), 닭(4), 개(5), 돼지(6)가 수직선 위에 놓여있다. 깃발에서 4만큼 떨어진 거리에 있는 동물을 모두 말해보세요.
	< 주요 용어와 개념 > · 절댓값

소단원	동기유발 소재 및 주요 용어와 개념
3) 정수와 유리수의 덧셈과 뺄셈	**〈 동기유발 소재 〉** · 수직선 모델, 바둑돌 모델, 가우스의 덧셈 계산 **♣ 동기유발 예시 ♣** 1. **상황**: 수직선 위의 깃발을 오른쪽, 왼쪽으로 이동하기 2. **발문**: 0에 위치한 깃발을 오른쪽으로 3만큼 이동시킨 후, 왼쪽으로 5만큼 이동시킨 지점이 나타내는 수를 말해볼까요?
	〈 주요 용어와 개념 〉 · 교환법칙, 결합법칙
4) 정수와 유리수의 곱셈과 나눗셈	**〈 동기유발 소재 〉** · 귀납적 외삽법, 수직선 모델, 나눗셈은 곱셈의 역연산 **♣ 동기유발 예시 ♣** 1. **상황**: 소파로도 사용할 수 있는 접이식 침대의 넓이 2. **발문**: '접이식 침대'를 침대로 사용할 때의 넓이와 소파로 사용할 때의 의자 부분 및 등받이 부분의 넓이의 합을 서로 비교해볼까요?
	〈 주요 용어와 개념 〉 · 교환법칙, 결합법칙, 분배법칙, 역수

다. 'Ⅱ. 방정식 - 1. 문자와 식'

소단원	동기유발 소재 및 주요 용어와 개념
1) 문자의 사용	< 동기유발 소재 > · 물건 구매 금액, 거리-속력-시간, 상자 속 물건의 개수 ♣ 동기유발 예시 ♣ 1. **상황**: 친환경 세제를 구매할 때마다 포인트가 적립 2. **발문**: 구매할 때마다 100점의 포인트가 적립되는 친환경 세제의 구매 개수에 따른 적립 포인트의 관계를 기호로 나타내어 볼까요?
	< 주요 용어와 개념 > · 대입
2) 일차식의 계산	< 동기유발 소재 > · 대수 막대, 할인 행사 시 판매 가격, 운동 경기 점수 ♣ 동기유발 예시 ♣ 1. **상황**: 농구 경기에서 응원하는 팀의 총 점수 구하기 2. **발문**: 학생 A가 응원하는 팀이 2점 슛 x개, 자유투 y개, 3점 슛 4개를 성공했다고 할 때, x, y를 사용하여 총 점수를 나타내어 볼까요?
	< 주요 용어와 개념 > · 항, 상수항, 계수, 다항식, 단항식, 차수, 일차식, 동류항

라. ‘Ⅱ. 방정식 - 2. 일차방정식’

소단원	동기유발 소재 및 주요 용어와 개념
1) 방정식과 그 해	< 동기유발 소재 > · 빵 나누기, 윗접시 저울, 저금통 속 동전 ♣ 동기유발 예시 ♣ 1. **상황**: 윗접시 저울의 양쪽 접시가 평형을 이루고 있다. 2. **발문**: 양쪽 접시에 같은 무게의 물건을 올렸을 때, 저울이 계속 평형을 이룰까요?
	< 주요 용어와 개념 > · 등식, 방정식, 미지수, 해, 근, 항등식, 이항
2) 일차 방정식	< 동기유발 소재 > · 도형의 넓이, 나이 변화, 인원 증감, 수학사(일차방정식) ♣ 동기유발 예시 ♣ 1. **상황**: 레일바이크를 타고 두 지점을 왕복하고 있다. 2. **발문**: 갈 때는 시속 10km, 올 때는 시속 8km로 이동하여 2시간이 걸렸을 때, 두 지점 사이의 거리를 수식으로 나타내어 볼까요?
	< 주요 용어와 개념 > · 일차방정식

마. 'Ⅲ. 그래프와 비례 - 1. 좌표평면과 그래프'

소단원	동기유발 소재 및 주요 용어와 개념
1) 순서쌍과 좌표	< 동기유발 소재 > · 일직선 위의 위치 관계, 항공기 좌석, 별자리 **♣ 동기유발 예시 ♣** 1. **상황**: 공원, 도서관, 집, 학교가 일직선 상에 있다. 2. **발문**: 집의 위치를 기준으로 학교의 위치(오른쪽으로 2km)를 2라고 할 때, 도서관(왼쪽으로 2km)과 공원(도서관을 기준으로 왼쪽으로 1km)의 위치를 나타내는 수는 무엇일까요?
	< 주요 용어와 개념 > · 좌표, 원점, 순서쌍, x축, y축, 좌표축, 좌표평면, x좌표, y좌표, 제1사분면, 제2사분면, 제3사분면, 제4사분면
2) 그래프	< 동기유발 소재 > · 물의 온도, 태아의 크기, 태양의 남중 고도, 대관람차 **♣ 동기유발 예시 ♣** 1. **상황**: 끓인 물을 식히면서 온도를 측정 2. **발문**: 물을 식히기 시작한 지 2분, 4분, 6분, 10분 후의 물의 온도를 순서대로 말해볼까요?
	< 주요 용어와 개념 > · 변수, 그래프

바. 'Ⅲ. 그래프와 비례 - 2. 정비례와 반비례'

<table>
<tr><th>소단원</th><th>동기유발 소재 및 주요 용어와 개념</th></tr>
<tr><td rowspan="2">1) 정비례</td><td>
< 동기유발 소재 >
· 자율주행 자동차(시간-거리), 태양계 중력과 물체의 무게

♣ 동기유발 예시 ♣
1. 상황: 자율주행 자동차가 시속 30km로 달리고 있다.
<table>
<tr><td>달린 시간(시간)</td><td>1</td><td>2</td><td>3</td><td>4</td><td>…</td></tr>
<tr><td>이동 거리(km)</td><td>30</td><td></td><td></td><td></td><td>…</td></tr>
</table>
2. 발문: 주어진 표를 완성한 후, 달린 시간이 2배, 3배, 4배가 되었을 때, 이동 거리가 어떻게 변하는지 생각해볼까요?
</td></tr>
<tr><td>
< 주요 용어와 개념 >
· 정비례
</td></tr>
<tr><td rowspan="2">2) 반비례</td><td>
< 동기유발 소재 >
· 개인형 이동 수단(속력-시간), 기체의 부피와 압력

♣ 동기유발 예시 ♣
1. 상황: 전동 킥보드를 타고 시속 12km로 달리고 있다.
<table>
<tr><td>속력(km/h)</td><td>1</td><td>2</td><td>3</td><td>4</td><td>…</td></tr>
<tr><td>걸린 시간(시간)</td><td>12</td><td></td><td></td><td></td><td>…</td></tr>
</table>
2. 발문: 주어진 표를 완성한 후, 속력이 2배, 3배, 4배가 되었을 때, 걸린 시간이 어떻게 변하는지 생각해볼까요?
</td></tr>
<tr><td>
< 주요 용어와 개념 >
· 반비례
</td></tr>
</table>

사. 'Ⅳ. 기본도형 - 1. 기본도형'

소단원	동기유발 소재 및 주요 용어와 개념
1) 점, 선, 면, 각	**< 동기유발 소재 >** · 픽셀과 해상도, 레이저 쇼, 시침과 분침, 종이접기 **♣ 동기유발 예시 ♣** 1. **상황**: 색종이를 잘라 만들어진 각을 포개어 각의 크기를 비교 2. **발문**: 크기가 서로 같은 각은 색종이를 자르기 전에 어떤 위치에 있었는지 생각해볼까요?
	< 주요 용어와 개념 > · 교점, 교선, 두 점 사이의 거리, 중점, 평각, 교각, 직교, 맞꼭지각, 수직이등분선, 수선의 발
2) 위치 관계	**< 동기유발 소재 >** · 비사치기, 사방치기, 육교와 도로, 아쟁의 줄과 활대 **♣ 동기유발 예시 ♣** 1. **상황**: 두 명의 친구가 비사치기를 하고 있다. 2. **발문**: 친구들이 던진 네 개의 돌 A, B, C, D 중에서 직선 l 위에 있는 것은 어느 것일까요?
	< 주요 용어와 개념 > · 꼬인 위치
3) 평행선의 성질	**< 동기유발 소재 >** · 도로명 주소와 건물의 위치, 잠망경의 원리(빛의 반사) **♣ 동기유발 예시 ♣** 1. **상황**: 중앙대로 주변의 건물 위치 확인(도로명 주소) 2. **발문**: 중앙대로를 기준으로 면세점과 신문사가 서로 엇갈린 위치에 있다고 할 때, 미술관과 엇갈린 위치에 있는 건물은 무엇일까요?
	< 주요 용어와 개념 > · 동위각, 엇각

아. 'Ⅳ. 기본도형 - 2. 작도와 합동'

<table>
<tr><th>소단원</th><th>동기유발 소재 및 주요 용어와 개념</th></tr>
<tr><td rowspan="2">1) 삼각형의 작도</td><td>< 동기유발 소재 >
· 자와 컴퍼스만으로 보물 지도 속 보물찾기

♣ 동기유발 예시 ♣
1. 상황: 직선 도로 위에 휴게소 위치 정하기
2. 발문: A 지점의 동쪽에 Q 휴게소를 만든다고 할 때, 컴퍼스를 이용하여 P, Q 두 휴게소까지의 거리가 같은 지점을 표시하면?</td></tr>
<tr><td>< 주요 용어와 개념 >
· 작도, 대변, 대각</td></tr>
<tr><td rowspan="2">2) 삼각형의 합동 조건</td><td>< 동기유발 소재 >
· 색종이 자르기, 겹쳐진 부분의 넓이 구하기(공학 도구)

♣ 동기유발 예시 ♣
1. 상황: 세 조건(세 변의 길이가 같다, 두 변과 그 끼인각의 크기가 같다, 한 변과 양 끝 각의 크기가 같다)을 만족시키는 삼각형 작도하기
2. 발문: 위 세 조건의 삼각형을 반투명 종이 위에 작도했을 때, 삼각형 ABC와 합동이 되나요?</td></tr>
<tr><td>< 주요 용어와 개념 >
· 삼각형의 합동 조건</td></tr>
</table>

자. ‘Ⅴ. 평면도형 - 1. 다각형’

소단원	동기유발 소재 및 주요 용어와 개념
1) 다각형	< 동기유발 소재 > · 보로노이 다이어그램, 다각형의 내부에 무늬 만들기 ♣ 동기유발 예시 ♣ 1. **상황**: 10개의 점으로 만든 보로노이 다이어그램 2. **발문**: 보로노이 다이어그램에서 찾을 수 있는 다각형을 모두 말해볼까요?
	< 주요 용어와 개념 > · 내각, 외각
2) 다각형의 내각과 외각의 크기	< 동기유발 소재 > · 다각형의 내부에 대각선 긋기, 표창 접기 ♣ 동기유발 예시 ♣ 1. **상황**: 사각형, 오각형, 육각형을 여러 개의 삼각형으로 나누기 2. **발문**: n각형의 한 꼭짓점에서 그은 대각선은 n각형을 몇 개의 삼각형으로 나눌까요?
	< 주요 용어와 개념 > · 내각, 외각

차. ‘Ⅴ. 평면도형 - 2. 원과 부채꼴’

<table>
<tr><th>소단원</th><th>동기유발 소재 및 주요 용어와 개념</th></tr>
<tr><td rowspan="2">1) 원과 부채꼴</td><td>< 동기유발 소재 >
· 회전교차로, 원형 극장, 조각 피자, 초음파 사진

♣ 동기유발 예시 ♣
1. 상황: 회전교차로에 꽃 심기
2. 발문: 두 지점 A, B를 이은 선분 위에 꽃을 심을 때, 꽃을 심을 자리를 표시해볼까요?</td></tr>
<tr><td>< 주요 용어와 개념 >
· 호, 현, 부채꼴, 중심각, 활꼴, 할선</td></tr>
<tr><td rowspan="2">2) 부채꼴의 호의 길이와 넓이</td><td>< 동기유발 소재 >
· 컬링 하우스(표적), 육상 트랙

♣ 동기유발 예시 ♣
1. 상황: 컬링 하우스의 네 원의 둘레의 길이와 지름의 길이를 측정하기

<table>
<tr><td>둘레의 길이(m)</td><td>0.942</td><td>3.833</td><td>7.634</td><td>11.529</td></tr>
<tr><td>지름의 길이(m)</td><td>0.3</td><td>1.22</td><td>2.43</td><td>3.67</td></tr>
<tr><td>$\frac{(\text{둘레의 길이})}{(\text{지름의 길이})}$</td><td>3.14</td><td></td><td></td><td></td></tr>
</table>
CURLING

2. 발문: 위의 표를 완성한 후, $\frac{(\text{둘레의길이})}{(\text{지름의길이})}$의 값을 비교해볼까요?</td></tr>
<tr><td>< 주요 용어와 개념 >
· 호, 부채꼴, 중심각</td></tr>
</table>

카. 'Ⅵ. 입체도형 - 1. 다면체와 회전체'

소단원	동기유발 소재 및 주요 용어와 개념
1) 다면체	< 동기유발 소재 > · 주령구, 델타헤드론, 플라톤 일화(불, 흙, 공기, 물, 우주) ♣ 동기유발 예시 ♣ 1. **상황**: 생활 주변의 여러 가지 입체도형 모양의 물건 2. **발문**: 다각형 모양의 면으로만 둘러싸인 것을 찾아볼까요?
	< 주요 용어와 개념 > · 다면체, 각뿔대, 정다면체
2) 회전체	< 동기유발 소재 > · 도형 모양의 종이를 빨대에 붙여 회전시킨 입체도형 찾기 ♣ 동기유발 예시 ♣ 1. **상황**: 직사각형, 직각삼각형, 반원 모양의 종이를 빨대에 붙인 후, 빨대를 축으로 회전시키기 2. **발문**: 각 도형의 회전시킬 때, 어떤 입체도형이 생기는지 말해볼까요?
	< 주요 용어와 개념 > · 회전체, 회전축, 원뿔대

타. 'Ⅵ. 입체도형 - 2. 입체도형의 겉넓이와 부피'

소단원	동기유발 소재 및 주요 용어와 개념
1) 기둥의 겉넓이와 부피	< 동기유발 소재 > · 기둥의 겉넓이의 전개도, 음료수 캔이 원기둥인 이유 ♣ 동기유발 예시 ♣ 1. **상황**: 사각기둥 모양 상자의 전개도에서 길이 구하기 2. **발문**: 밑면의 가로의 길이가 6cm, 세로의 길이가 2cm, 높이가 10cm인 사각기둥 모양 상자의 전개도가 있을 때, 밑면의 둘레의 길이를 구해볼까요?
	< 주요 용어와 개념 > · 각기둥, 원기둥
2) 뿔의 겉넓이와 부피	< 동기유발 소재 > · 뿔의 겉넓이의 전개도, 색종이로 원뿔 만들기 ♣ 동기유발 예시 ♣ 1. **상황**: 사각뿔 모양 상자의 전개도에서 면의 모양 확인 2. **발문**: 사각뿔 모양 상자의 전개도에서 밑면과 옆면은 어떤 다각형인지 말해볼까요?
	< 주요 용어와 개념 > · 각뿔, 원뿔, 각뿔대, 원뿔대
3) 구의 겉넓이와 부피	< 동기유발 소재 > · 구 모양의 과일 단면 자르기, 아르키메데스 일화(원뿔, 구, 원기둥의 부피 사이의 관계) ♣ 동기유발 예시 ♣ 1. **상황**: 구 모양의 오렌지를 반으로 잘라 단면과 크기가 같은 원을 여러 개 그린 후, 오렌지 껍질을 잘게 잘라서 원을 채우기 2. **발문**: 한 개의 오렌지 껍질로 몇 개의 원을 채울 수 있는지 말해볼까요?
	< 주요 용어와 개념 > · 구, 반구

파. 'Ⅶ. 통계 - 1. 자료의 정리와 해석'

소단원	동기유발 소재 및 주요 용어와 개념

1) 줄기와 잎 그림, 도수분포표

< 동기유발 소재 >

· 동물 카드(보드게임), 통합대기환경지수

♣ 동기유발 예시 ♣

1. **상황**: 보드게임 카드에 적힌 동물의 수명이 적힌 자료

동물	수명	동물	수명	동물	수명	동물	수명
토끼	7	타란툴라	18	양	11	북극곰	22
돌고래	30	백상아리	41	송골매	16	미어캣	9
사자	15	홍학	13	대왕판다	28	킹코브라	20
족제비	8	불곰	32	코요테	11	바닷가재	40

2. **발문**: 홍학보다 수명이 긴 동물이 몇 종인지 알아보기 쉽게 자료를 정리하는 방법이 있을까요?

< 주요 용어와 개념 >

· 변량, 줄기와 잎 그림, 계급, 계급의 크기, 도수, 도수분포표

2) 히스토그램과 도수분포다각형

< 동기유발 소재 >

· SNS 평균 이용 시간, 최고 기온, 평균 수면 시간

♣ 동기유발 예시 ♣

1. **상황**: SNS 이용자의 하루 평균 이용 시간을 연령대별로 조사하여 표와 막대그래프로 표현

연령대	이용 시간(분)
10대	69.5
20대	80.7
30대	50.7
40대	55.5
50대	57.7
60대	39.8

2. **발문**: SNS 이용 시간이 긴 연령대부터 순서대로 말하기 위해 표와 막대그래프 중에서 어느 방법이 편리한지 말해볼까요?

< 주요 용어와 개념 >

· 히스토그램, 도수분포다각형

<table>
<tr><th>소단원</th><th>동기유발 소재 및 주요 용어와 개념</th></tr>
<tr><td rowspan="2">3) 상대도수</td><td>

< 동기유발 소재 >

· 스마트폰 이용 시간, TV 시청률, 투표율, 급식 만족도

♣ 동기유발 예시 ♣

1. **상황**: 하루 평균 스마트폰 이용 시간을 도수분포표로 표현

2. **발문**: 스마트폰 사용 시간이 150분 이상인 학생들이 전체에서 차지하는 비율은 얼마일까요?

<table>
<tr><th>이용 시간(분)</th><th>도수(명)</th></tr>
<tr><td>3이상 ~ 60이하</td><td>4</td></tr>
<tr><td>60 ~ 90</td><td>9</td></tr>
<tr><td>90 ~ 120</td><td>12</td></tr>
<tr><td>120 ~ 150</td><td>14</td></tr>
<tr><td>150 ~ 180</td><td>9</td></tr>
<tr><td>180 ~ 210</td><td>2</td></tr>
<tr><td>합계</td><td>50</td></tr>
</table>

</td></tr>
<tr><td>

< 주요 용어와 개념 >

· 상대도수

</td></tr>
<tr><td rowspan="2">4) 통계적 문제 해결</td><td>

< 동기유발 소재 >

· 국가통계포털(내가 말하는 통계), 통계 포스터

♣ 동기유발 예시 ♣

1. **상황**: 인테리어와 위치가 좋은 가게임에도 장사가 잘 되지 않는 이유를 고민
2. **발문**: 문제를 해결하기 위해 거쳐야 하는 단계와 방법을 고민해볼까요?

</td></tr>
<tr><td>

< 주요 용어와 개념 >

· 주제 설정, 자료 수집, 자료 분석, 결과 해석

</td></tr>
</table>

중학교 2학년

가. ‘Ⅰ. 유리수와 소수 - 1. 유리수와 소수’

<table>
<tr><th>소단원</th><th>동기유발 소재 및 주요 용어와 개념</th></tr>
<tr><td rowspan="2">1) 유리수의 소수 표현</td><td>
< 동기유발 소재 >
· 클레이 사격 명중률, 컴퓨터 계산기

♣ 동기유발 예시 ♣
1. 상황: 클레이 사격의 명중률 $\left((\text{명중률}) = \frac{(\text{명중한 횟수})}{(\text{쏜 횟수})}\right)$
<table>
<tr><th></th><th>쏜 횟수</th><th>명중한 횟수</th><th>명중률(분수)</th><th>명중률(소수)</th></tr>
<tr><td>학생 A</td><td>125</td><td>50</td><td></td><td></td></tr>
<tr><td>학생 B</td><td>120</td><td>40</td><td></td><td></td></tr>
</table>
2. 발문: 두 명중률(소수)의 차이점을 말해볼까요?
</td></tr>
<tr><td>
< 주요 용어와 개념 >
· 유한소수, 무한소수, 순환소수, 순환마디
</td></tr>
<tr><td rowspan="2">2) 순환소수의 분수 표현</td><td>
< 동기유발 소재 >
· 유리수와 소수의 관계, π의 역사

♣ 동기유발 예시 ♣
1. 상황: 순환소수를 분수로 나타내기
2. 발문: 순환소수 0.6을 x라고 할 때, 10x의 값과 x의 값의 차를 구해볼까요?
</td></tr>
<tr><td>
< 주요 용어와 개념 >
· 순환소수, 순환마디
</td></tr>
</table>

나. ‘Ⅱ. 식의 계산 - 1. 단항식의 계산’

소단원	동기유발 소재 및 주요 용어와 개념
1) 지수법칙	< 동기유발 소재 > · 우주에 있는 별의 개수, 10의 거듭제곱을 부르는 말 ♣ 동기유발 예시 ♣ 1. **상황**: 스쿼트를 하루에 4번, 한 번에 8회씩 실시 2. **발문**: 하루에 실시한 스쿼트의 총 횟수를 2의 거듭제곱을 이용하여 나타내어 볼까요?
	< 주요 용어와 개념 > · 지수법칙
2) 단항식의 곱셈과 나눗셈	< 동기유발 소재 > · 협동 작품의 넓이, 마방진 ♣ 동기유발 예시 ♣ 1. **상황**: 직사각형 모양 종이에 그림을 그린 후, 종이 6장을 모아 협동작품을 완성 2. **발문**: 협동작품의 넓이를 모둠별로 그린 그림의 넓이의 합으로 나타내어 볼까요?
	< 주요 용어와 개념 > · 교환법칙, 결합법칙

다. 'Ⅱ. 식의 계산 - 2. 다항식의 계산'

소단원	동기유발 소재 및 주요 용어와 개념
1) 다항식의 덧셈과 뺄셈	< 동기유발 소재 > · 대수 막대, 두 수의 합이 a의 배수인 이유 ♣ 동기유발 예시 ♣ 1. **상황**: 넓이가 각각 a, b인 두 종류의 대수 막대 2. **발문**: 학생 A는 넓이가 a인 대수 막대 3개와 넓이가 b인 대수 막대 2개를 가지고 있고, 학생 B는 넓이가 a인 대수 막대 2개와 넓이가 b인 대수 막대 1개를 가지고 있다. 두 사람이 가지고 있는 각각의 대수 막대의 넓이와 모두 모았을 때의 넓이를 비교해볼까요?
	< 주요 용어와 개념 > · 이차식
2) 다항식의 곱셈과 나눗셈	< 동기유발 소재 > · 직사각형의 둘레의 길이와 넓이, 정사각형의 분할 ♣ 동기유발 예시 ♣ 1. **상황**: 한지로 만든 서랍장의 앞면의 넓이 구하기 2. **발문**: 서랍장 앞면의 가로의 길이는 2a이고, 위 칸의 세로의 길이는 4b, 아래 칸의 세로의 길이는 5라고 할 때, 전체의 넓이를 위 칸과 아래 칸의 앞면의 넓이의 합으로 나타내어 볼까요?
	< 주요 용어와 개념 > · 전개

라. 'Ⅲ. 부등식과 방정식 - 1. 일차부등식'

소단원	동기유발 소재 및 주요 용어와 개념
1) 부등식	〈 동기유발 소재 〉 · 식품 안전 보호 구역, 교통안전 표지판, 윗접시저울 ♣ 동기유발 예시 ♣ 1. **상황**: 어린이 식품 안전 보호 구역 지정 2. **발문**: 학교로부터 직선거리가 200m 이하인 구역으로 지정할 때, 학교로부터 직선거리가 a(m)인 지점을 부등호로 나타낼 수 있을까요?
	〈 주요 용어와 개념 〉 · 부등식
2) 일차 부등식	〈 동기유발 소재 〉 · 주파수, 종이컵 수거함, 진짜 열쇠 찾기 ♣ 동기유발 예시 ♣ 1. **상황**: 체육대회 응원 도구를 구입 2. **발문**: 20,000원으로 10,000원짜리 현수막 1개와 600원짜리 막대풍선을 사려고 할 때, 구입할 수 있는 막대풍선의 최대 개수를 생각해 볼까요?
	〈 주요 용어와 개념 〉 · 일차부등식

마. 'Ⅲ. 부등식과 방정식 - 2. 연립일차방정식'

소단원	동기유발 소재 및 주요 용어와 개념
1) 연립일차 방정식	< 동기유발 소재 > · 음식 섭취와 열량, 마트에서 물건 구매 금액 ♣ 동기유발 예시 ♣ 1. **상황**: 다자녀 가정을 위한 행사 개최 2. **발문**: 쌍둥이 x쌍과 세쌍둥이 y쌍을 합해 모두 35명이 참가했을 때, x, y 사이의 관계를 등식으로 나타내어 볼까요?
	< 주요 용어와 개념 > · 연립방정식
2) 연립 방정식의 풀이	< 동기유발 소재 > · 보트 나눠 타기, 환율, 등산, 걷기, 수학사(『구일집』) ♣ 동기유발 예시 ♣ 1. **상황**: 학생 A는 생수 3병과 주스 2병을 사고 2800원을 지불했고, 학생 B는 생수 1병과 주스 2병을 사고 2000원을 지불했다. 2. **발문**: 생수와 주스 1병의 값을 각각 x, y원이라고 하자. 학생 A, B가 지불한 금액을 x, y에 대한 일차 방정식으로 나타내고, 두 방정식을 변끼리 뺀 식의 미지수의 개수를 찾아볼까요?
	< 주요 용어와 개념 > · 연립방정식

바. 'Ⅳ. 함수 - 1. 일차함수와 그래프'

<table>
<tr><th>소난원</th><th>동기유발 소재 및 주요 용어와 개념</th></tr>
<tr><td rowspan="2">1) 함수</td><td>< 동기유발 소재 >
· 무빙워크, 생일, 자격루, 이산화탄소의 발생량

♣ 동기유발 예시 ♣
1. 상황: 한 바퀴를 도는 데 15분이 걸리는 대관람차가 x바퀴를 도는 데 걸리는 시간이 y분이다.
2. 발문: x의 값이 변함에 따라 y의 값은 몇 개씩 정해지는지 생각해볼까요?</td></tr>
<tr><td>< 주요 용어와 개념 >
· 함수, 함숫값</td></tr>
<tr><td rowspan="2">2) 일차 함수와 그 그래프</td><td>< 동기유발 소재 >
· 저금통의 무게, 슬로프의 기울어진 정도, 도로의 경사도

♣ 동기유발 예시 ♣
1. 상황: 1인분에 8,000원인 삼겹살 5인분과 1그릇에 1,000원인 공기밥 x그릇을 먹었을 때, 지불해야 하는 총금액을 y원이라고 하자.
<table><tr><td>x</td><td>1</td><td>2</td><td>3</td><td>4</td><td>5</td></tr><tr><td>y</td><td>41,000</td><td></td><td></td><td></td><td></td></tr></table>2. 발문: y를 x의 식으로 나타내어 볼까요?</td></tr>
<tr><td>< 주요 용어와 개념 >
· 일차함수, 평행이동, x절편, y절편, 기울기</td></tr>
<tr><td rowspan="2">3) 일차 함수의 그래프의 성질</td><td>< 동기유발 소재 >
· 수심과 압력, 돌베어의 법칙

♣ 동기유발 예시 ♣
1. 상황: 바다의 수면에서의 압력은 1기압이고, 마리아나 해구의 수심이 10m 깊어질 때마다 압력은 1기압씩 높아진다고 한다.
2. 발문: 수심이 x(m)인 지점의 압력을 y기압이라고 할 때, 수심이 11,000m인 지점의 압력이 얼마인지 생각해볼까요?</td></tr>
<tr><td>< 주요 용어와 개념 >
· 일차함수, 평행이동, x절편, y절편, 기울기</td></tr>
</table>

사. 'Ⅳ. 함수 - 2. 일차함수와 일차방정식의 관계'

소단원	동기유발 소재 및 주요 용어와 개념
1) 일차 함수와 일차 방정식	< 동기유발 소재 > · 일차방정식의 해를 좌표평면 위에 나타내기 ♣ 동기유발 예시 ♣ 1. **상황**: 일차방정식의 해를 좌표평면 위에 나타내기 2. **발문**: x, y의 값이 정수일 때, 방정식 x-y+2=0의 해 (x, y)를 좌표로 하는 점을 좌표평면 위에 나타내어 볼까요?
	< 주요 용어와 개념 > · 직선의 방정식
2) 일차함수의 그래프와 연립일차 방정식	< 동기유발 소재 > · 보물 지도와 보물의 위치 ♣ 동기유발 예시 ♣ 1. **상황**: 보물의 위치를 나타내는 단서를 모두 만족시키는 점의 좌표 찾기 2. **발문**: 보물은 기울기가 $\frac{2}{3}$이고 y절편이 -1인 직선 위에 있으며, 일차방정식 $x+y-4=0$의 그래프 위에 있을 때, 이를 만족시키는 점의 좌표를 지도에 표시해볼까요?
	< 주요 용어와 개념 > ·연립일차방정식

아. 'V. 도형의 성질 - 1. 삼각형의 성질'

소단원	동기유발 소재 및 주요 용어와 개념
1) 이등변 삼각형의 성질	< 동기유발 소재 > · 종이로 두 각의 크기가 같은 삼각형 만들기 ♣ 동기유발 예시 ♣ 1. **상황**: 종이접기로 두 각의 크기가 같은 삼각형 만들기 2. **발문**: 오려낸 삼각형 ABC는 어떤 삼각형일까요?
	< 주요 용어와 개념 > · 이등변삼각형
2) 직각 삼각형	< 동기유발 소재 > · 두 직각삼각형이 서로 같을 조건 ♣ 동기유발 예시 ♣ 1. **상황**: 합동인 두 삼각형 ABC, DEF가 주어져 있다. 2. **발문**: 두 삼각형이 합동인 이유를 생각해볼까요?
	< 주요 용어와 개념 > · 직각삼각형
3) 삼각형의 외심과 내심	< 동기유발 소재 > · 미스터리 써클의 중심 찾기, 종이접기로 외심 찾기 ♣ 동기유발 예시 ♣ 1. **상황**: 종이접기로 삼각형의 외심 찾기 2. **발문**: 두 꼭짓점 A, B가 겹치도록 접은 후 펼치고, 두 꼭짓점 B, C가 겹치도록 접은 후 펼쳤을 때, 두 선분의 교점 O에서 세 꼭짓점 A, B, C에 이르는 거리를 비교해볼까요?
	< 주요 용어와 개념 > · 외접, 외접원, 외심, 접한다, 접선, 접점, 내접, 내접원, 내심

자. ‘Ⅴ. 도형의 성질 - 2. 사각형의 성질’

소단원	동기유발 소재 및 주요 용어와 개념
1) 평행 사변형의 성질	< 동기유발 소재 > · 긴 빨대, 짧은 빨대 각각 한 쌍을 이용하여 평행사변형 만들기 ♣ 동기유발 예시 ♣ 1. **상황**: 길이가 같은 긴 빨대 한 쌍과 짧은 빨대 한 쌍을 실로 연결하여 모양이 다른 사각형 2개를 만들었다. 2. **발문**: 서로 다른 모양의 두 사각형은 평행사변형이라고 할 수 있나요?
	< 주요 용어와 개념 > · 평행사변형
2) 여러 가지 사각형의 성질	< 동기유발 소재 > · 일정한 간격으로 찍힌 점 위의 마름모 ♣ 동기유발 예시 ♣ 1. **상황**: 일정한 간격으로 찍힌 점 위의 마름모 2. **발문**: 마름모의 두 대각선이 만나서 생기는 네 교각의 크기를 비교해볼까요?
	< 주요 용어와 개념 > · 직사각형, 마름모, 정사각형, 사다리꼴

차. 'Ⅵ. 도형의 닮음 - 1. 도형의 닮음'

소단원	동기유발 소재 및 주요 용어와 개념
1) 도형의 닮음	**< 동기유발 소재 >** · 닮은 사진 찾기(가로 또는 세로의 길이 늘이거나 줄이기) **♣ 동기유발 예시 ♣** 1. **상황**: [사진 2]는 [사진 1]을 2배로 확대한 것이다. 2. **발문**: [사진 1]과 [사진 2]의 같은 점과 다른 점을 말해볼까요? [사진 1] [사진 2]
	< 주요 용어와 개념 > · 닮음, 닮음비
2) 삼각형의 닮음 조건	**< 동기유발 소재 >** · 비례 컴퍼스, 피라미드의 높이, 팬터그래프 **♣ 동기유발 예시 ♣** 1. **상황**: 모눈종이 위에 두 삼각형 ABC와 DEF가 있다. 2. **발문**: 대응하는 세 변의 길이의 비와 대응하는 세 각의 크기의 비를 비교해볼까요?
	< 주요 용어와 개념 > · 삼각형의 닮음 조건

카. 'Ⅵ. 도형의 닮음 - 2. 닮음의 응용'

소단원	동기유발 소재 및 주요 용어와 개념
1) 평행선 사이의 선분의 길이의 비	**< 동기유발 소재 >** · 자를 이용하지 않고 종이 등분하기 **♣ 동기유발 예시 ♣** 1. **상황**: 종이접기를 이용하여 직사각형 모양 종이를 3등분한다. 2. **발문**: 종이가 3등분이 되는 이유를 생각해볼까요?
	< 주요 용어와 개념 > · 평행선

타. 'Ⅶ. 피타고라스 정리 - 1. 피타고라스 정리'

소단원	동기유발 소재 및 주요 용어와 개념
1) 피타고라스 정리	< 동기유발 소재 > · 모눈종이 눈금, 조각 맞추기, 피타고라스 나무 ♣ 동기유발 예시 ♣ 1. **상황**: 한 눈금의 길이가 1인 모눈종이에 $\angle C = 90°$ 인 직각삼각형 ABC와 그 세 변을 각각 한 변으로 하는 정사각형 ㉮, ㉯, ㉰를 그렸다. 2. **발문**: 세 정사각형 ㉮, ㉯, ㉰의 넓이 사이에 어떤 관계가 있을지 생각해볼까요?
	< 주요 용어와 개념 > · 피타고라스 정리

파. 'Ⅷ. 확률 - 1. 경우의 수'

소단원	동기유발 소재 및 주요 용어와 개념
1) 경우의 수	< 동기유발 소재 > · 가위바위보, 메뉴 주문, 최단 거리, 주사위 던지기 ♣ 동기유발 예시 ♣ 1. **상황**: 주사위를 이용한 보드게임을 하고 있다. 2. **발문**: 한 개의 주사위를 던질 때, 4이하의 눈이 나오는 경우는 모두 몇 가지일까요?
	< 주요 용어와 개념 > · 사건

하. 'Ⅷ. 확률 - 2. 확률'

소단원	동기유발 소재 및 주요 용어와 개념
1) 확률	< 동기유발 소재 > · 동전 던지기, 상자 속 공 꺼내기, 카드 뽑기 ♣ 동기유발 예시 ♣ 1. **상황**: 1부터 10까지의 자연수가 각각 하나씩 적힌 10장의 카드가 있다. 2. **발문**: 하나 장의 카드를 뽑을 때, 4의 배수가 적힌 카드가 나오지 않을 확률을 구해 볼까요? 1 one 2 two 3 three 4 four 5 five 6 six 7 seven 8 eight 9 nine 10 ten
	< 주요 용어와 개념 > · 확률
2) 확률의 계산	< 동기유발 소재 > · 월드컵, 볼링의 스트라이크 확률, 비가 올 확률 ♣ 동기유발 예시 ♣ 1. **상황**: 세 가지 교복 디자인 중에서 가장 선호하는 것을 하나씩 선택하여 스티커를 붙였다. 2. **발문**: 한 명의 학생을 임의로 뽑을 때, A, B, C의 3개의 안 중에서 A안 또는 C안을 선택한 학생이 뽑힐 확률을 구해볼까요?
	< 주요 용어와 개념 > · 확률

중학교 3학년

가. ‘Ⅰ. 제곱근과 실수 - 1. 제곱근과 실수’

소단원	동기유발 소재 및 주요 용어와 개념
1) 제곱근	**< 동기유발 소재 >** · 도형수, 모눈종이(정사각형), 피아노 건반 **♣ 동기유발 예시 ♣** 1. **상황**: 한 눈금의 길이가 1인 모눈종이에 넓이가 1인 정사각형을 그렸다. 2. **발문**: 넓이가 9인 정사각형의 한 변의 길이를 x라고 할 때, 이 정사각형의 넓이와 x사이의 관계를 식으로 나타내어 볼까요?
	< 주요 용어와 개념 > · 제곱근, 근호
2) 무리수와 실수	**< 동기유발 소재 >** · 카메라 조리개, 계산기, A_4용지, 길이가 무리수인 선분 **♣ 동기유발 예시 ♣** 1. **상황**: 한 변의 길이가 1cm인 정사각형 모양의 색종이를 접어 직각삼각형 ABC를 만들었다. 2. **발문**: $\overline{AC}$의 길이를 구한 뒤, 소수로 나타내어 볼까요?
	< 주요 용어와 개념 > · 무리수, 실수
3) 실수의 대소 관계	**< 동기유발 소재 >** · 수직선 위의 점에 접하는 원 굴리기 **♣ 동기유발 예시 ♣** 1. **상황**: 한 눈금의 길이가 1인 모눈종이 위에 수직선과 직각삼각형 OAB를 그리고, 원점 O를 중심으로 하고 $\overline{OB}$를 반지름으로 하는 원을 그렸다. 2. **발문**: 원이 수직선과 만나는 두 점 P, Q에 대응하는 수를 각각 구해볼까요?
	< 주요 용어와 개념 > · 실수

나. 'Ⅰ. 제곱근과 실수 - 2. 근호를 포함한 식의 계산'

소단원	동기유발 소재 및 주요 용어와 개념
1) 근호를 포함한 식의 곱셈과 나눗셈	< 동기유발 소재 > · 픽셀 아트, 정삼각형의 높이와 넓이 ♣ 동기유발 예시 ♣ 1. **상황**: 넓이가 $\frac{1}{2}$인 정사각형 모양의 픽셀에 색을 칠하여 나타낸 원숭이의 손 하나는 픽셀 4개로 이루어진 정사각형 모양이다. 2. **발문**: 픽셀 4개로 이루어진 정사각형의 한 변의 길이를 구해볼까요?
	< 주요 용어와 개념 > · 분모의 유리화
2) 근호를 포함한 식의 덧셈과 뺄셈	< 동기유발 소재 > · 칠교판, 무리수 눈금자 ♣ 동기유발 예시 ♣ 1. **상황**: 가로의 길이가 25cm, 세로의 길이가 $\sqrt{3}$cm인 직사각형 모양의 입장권이 가로의 길이가 2cm인 접착 부분과 가로의 길이가 23cm인 그림 부분으로 나뉘어 있다. 2. **발문**: 입장권 전체의 넓이를 접착 부분과 그림 부분의 넓이의 합으로 나타낸 결과와 가로의 길이와 세로의 길이의 곱으로 나타낸 결과를 서로 비교해볼까요?
	< 주요 용어와 개념 > · 실수의 대소 관계

다. ‘Ⅱ. 다항식의 곱셈과 인수분해 - 1. 다항식의 곱셈’

소단원	동기유발 소재 및 주요 용어와 개념
1) 다항식의 곱셈	< 동기유발 소재 > · 빗살문의 문살, 두 자리 자연수의 곱셈 ♣ 동기유발 예시 ♣ 1. **상황**: 직사각형 모양의 종이를 가로의 길이가 각각 a, b이고, 세로의 길이가 각각 c, d인 네 개의 직사각형 모양의 칸으로 나누었다. 2. **발문**: 종이 전체의 넓이를 가로의 길이와 세로의 길이의 곱으로 나타낸 결과와 네 개의 직사각형 모양의 칸의 넓이의 합을 비교해볼까요? < 주요 용어와 개념 > · 분배법칙, 곱셈 공식

라. ‘Ⅱ. 다항식의 곱셈과 인수분해 - 2. 다항식의 인수분해’

소단원	동기유발 소재 및 주요 용어와 개념
1) 다항식의 인수분해	< 동기유발 소재 > · 직사각형 이어 붙이기, 전개와 인수분해의 관계 ♣ 동기유발 예시 ♣ 1. **상황**: 가로와 세로의 길이가 각각 x(cm)인 직사각형 1개, 가로와 세로의 길이가 각각 1(cm), x(cm)인 직사각형 3개, 가로와 세로의 길이가 각각 1(cm)인 직사각형 1개를 이어 붙여 직사각형을 만든다. 2. **발문**: 새 직사각형의 넓이를 6개의 직사각형 넓이의 합으로 나타내어 볼까요? < 주요 용어와 개념 > · 인수, 인수분해
2) 인수분해 공식	< 동기유발 소재 > · 대수 막대와 대수판, 빙고 게임, 암호 체계 ♣ 동기유발 예시 ♣ 1. **상황**: 두 다항식 $(a+2)^2$, $(a-3)^2$이 있다. [곱셈 공식을 이용하여 두 다항식을 각각 전개한 후 그 결과를 □안에 써넣어 보자. $(a+2)^2=$ □ $(a-3)^2=$ □] 2. **발문**: 위의 두 등식의 좌변과 우변을 각각 서로 바꾸어 나타내어 볼까요? < 주요 용어와 개념 > · 완전제곱식

마. ‘Ⅲ. 이차방정식 - 1. 이차방정식’

소단원	동기유발 소재 및 주요 용어와 개념
1) 이차 방정식	< 동기유발 소재 > · 직각삼각형의 세 변의 길이 사이의 관계 ♣ 동기유발 예시 ♣ 1. **상황**: 미끄럼틀의 아래쪽에 직각삼각형을 만들었다. 2. **발문**: 직각삼각형 ABC의 세 변의 길이 사이의 관계를 등식으로 나타내어 볼까요?
	< 주요 용어와 개념 > · 이차방정식
2) 인수분해를 이용한 이차 방정식의 풀이	< 동기유발 소재 > · $ab=0$을 만족시키는 조건이 적힌 카드 ♣ 동기유발 예시 ♣ 1. **상황**: 네 명의 친구가 두 수 a, b의 조건이 적힌 카드를 들고 있다. $a=0, b=0$ $a=0, b\neq 0$ $a\neq 0, b=0$ $a\neq 0, b\neq 0$ 2. **발문**: 카드에 적힌 조건이 $ab=0$을 만족시키는 것은 누구의 카드인지 말해볼까요?
	< 주요 용어와 개념 > · 중근
3) 이차 방정식의 근의 공식	< 동기유발 소재 > · 나이, 입장료, 쏘아 올린 물체의 지면으로부터의 높이 ♣ 동기유발 예시 ♣ 1. **상황**: 이차방정식 $x^2-7=0$에 대하여 두 친구가 대화를 나누고 있다. 2. **발문**: 이차방정식 $x^2-7=0$의 풀이법을 말해볼까요?
	< 주요 용어와 개념 > · 근의 공식

바. ‘Ⅳ. 이차함수 - 1. 이차함수와 그래프’

<table>
<tr><th>소단원</th><th>동기유발 소재 및 주요 용어와 개념</th></tr>
<tr><td rowspan="2">1) 이차함수</td><td>
< 동기유발 소재 >
· 풍력발전기의 전기에너지, 놀이기구의 원심력

♣ 동기유발 예시 ♣
1. 상황: 썰매를 타고 x초 동안 내려온 거리를 y(m)라고 하자.
<table>
<tr><th>x(초)</th><td>0</td><td>1</td><td>2</td><td>3</td><td>4</td><td>5</td></tr>
<tr><th>y(m)</th><td>0</td><td>1</td><td></td><td></td><td></td><td></td></tr>
</table>
2. 발문: y를 x의 식으로 나타내고, y가 x에 대한 함수인지 말해볼까요?
</td></tr>
<tr><td>
< 주요 용어와 개념 >
· 이차함수
</td></tr>
<tr><td rowspan="2">2) 이차함수 $y=ax^2$의 그래프</td><td>
< 동기유발 소재 >
· 포물선, 현수선

♣ 동기유발 예시 ♣
1. 상황: 이차함수 $y=x^2$에 대하여 x의 값에 대한 y의 값을 나타내었다.
<table>
<tr><th>x</th><td>…</td><td>-3</td><td>-2</td><td>-1</td><td>0</td><td>1</td><td>2</td><td>3</td><td>…</td></tr>
<tr><th>y</th><td>…</td><td></td><td></td><td></td><td></td><td>1</td><td></td><td></td><td>…</td></tr>
</table>
2. 발문: 순서쌍 (x, y)를 좌표로 하는 점을 좌표평면 위에 나타내어 볼까요?
</td></tr>
<tr><td>
< 주요 용어와 개념 >
· 포물선, 축, 꼭짓점
</td></tr>
</table>

<table>
<tr><th>소단원</th><th>동기유발 소재 및 주요 용어와 개념</th></tr>
<tr><td rowspan="2">3) 이차함수 $y=a(x-p)^2$ $+q$의 그래프</td><td>

〈 동기유발 소재 〉

· 투명종이를 활용한 평행이동

♣ 동기유발 예시 ♣

1. **상황**: 두 이차함수 $y=x^2$과 $y=x^2+3$에 대하여 x의 값에 대한 y의 값을 나타내었다.

<table>
<tr><td>x</td><td>…</td><td>-3</td><td>-2</td><td>-1</td><td>0</td><td>1</td><td>2</td><td>3</td><td>…</td></tr>
<tr><td>x^2</td><td>…</td><td>9</td><td>4</td><td>1</td><td>0</td><td>1</td><td>4</td><td>9</td><td>…</td></tr>
<tr><td>x^2+3</td><td>…</td><td></td><td></td><td>4</td><td></td><td></td><td></td><td></td><td>…</td></tr>
</table>

2. **발문**: 각각의 x의 값에 대하여 $y=x^2$과 $y=x^2+3$의 함숫값을 비교해 볼까요?

</td></tr>
<tr><td>

〈 주요 용어와 개념 〉

· 평행이동

</td></tr>
<tr><td rowspan="2">4) 이차함수 $y=ax^2+bx$ $+c$의 그래프</td><td>

〈 동기유발 소재 〉

· 이차함수의 여러 가지 모습

♣ 동기유발 예시 ♣

1. **상황**: 이차함수 $y=2x^2-4x+2$의 그래프를 컴퓨터 프로그램을 이용하여 그렸다.
2. **발문**: 좌표평면 위에 $y=2(x-1)^2$ 그래프를 그려 컴퓨터 프로그램으로 그린 그래프와 비교해볼까요?

</td></tr>
<tr><td>

〈 주요 용어와 개념 〉

· 꼭짓점, y절편

</td></tr>
</table>

사. ‘Ⅴ. 삼각비 - 1. 삼각비’

소단원	동기유발 소재 및 주요 용어와 개념
1) 삼각비	< 동기유발 소재 > · 롤러코스터, 삼각법 ♣ 동기유발 예시 ♣ 1. **상황**: 롤러코스터 아래쪽에 세 직각삼각형 ABC, ADE, AFG를 만들었다. 삼각형 AFG의 밑변 AG 위에 점 C, E가 순서대로 놓여 있고, 빗변 AF 위에 점 B, D가 순서대로 놓여 있다. 또한 $\overline{AB}=5$, $\overline{BD}=5$, $\overline{DF}=10$이다. 2. **발문**: 세 직각삼각형 ABC, ADE, AFG는 서로 닮음이라 할 수 있나요?
	< 주요 용어와 개념 > · 사인, 코사인, 탄젠트, 삼각비
2) 삼각비의 값	< 동기유발 소재 > · 관광 열차의 경사도 ♣ 동기유발 예시 ♣ 1. **상황**: 한 변의 길이가 1인 정사각형 모양의 종이와 한 변의 길이가 2인 정삼각형 모양의 종이를 각각 반으로 접어 삼각형 ABC와 DEF를 만들었다. 2. **발문**: 삼각형 ABC와 DEF에서 세 내각의 크기를 각각 구해볼까요?
	< 주요 용어와 개념 > · 삼각비

아. 'Ⅴ. 삼각비 - 2. 삼각비의 활용'

소단원	동기유발 소재 및 주요 용어와 개념
1) 길이 구하기	< 동기유발 소재 > · 건물의 높이, 근총안, 스키장(슬로프), 드론의 높이 ♣ 동기유발 예시 ♣ 1. **상황**: 설치 미술 작품 아래쪽에 $\angle A=34°$, $\angle B=90°$, $\overline{AC}=20$인 직각삼각형 ABC를 만들었다. 2. **발문**: $\sin 34°$를 이용하여 $\overline{BC}$의 길이를 나타내어 볼까요?
	< 주요 용어와 개념 > · 삼각비, 직각삼각형
2) 넓이 구하기	< 동기유발 소재 > · 에너지 하베스팅, 사각형의 넓이 ♣ 동기유발 예시 ♣ 1. **상황**: 하베스팅을 나타내는 그림의 세 지점 A, B, C에 서 있는 세 사람이 바닥을 누르는 압력 에너지가 전기로 바뀌고 있다. 삼각형 ABC에 대하여 $\overline{AB}=20$, $\overline{BC}=50$, $\angle B=52°$이고, 점 A에서 $\overline{BC}$에 내린 수선의 발을 H라고 하자. 2. **발문**: 점 A에서 $\overline{BC}$에 내린 수선의 발을 이용하여 삼각형 ABC의 넓이를 구하는 방법을 말해볼까요?
	< 주요 용어와 개념 > · 삼각비, 삼각형의 넓이

자. 'Ⅵ. 원의 성질 - 1. 원과 직선'

<table>
<tr><th>소단원</th><th>동기유발 소재 및 주요 용어와 개념</th></tr>
<tr><td rowspan="2">1) 원의 현</td><td>< 동기유발 소재 >
· 스테인드글라스, 반투명 종이와 삼각자

♣ 동기유발 예시 ♣
1. 상황: 반투명 종이에 원 O를 그리고 현 AB를 긋는다. 삼각자를 이용하여 원의 중심 O를 지나고 현 AB에 수직인 직선을 그어 현 AB와 만나는 점을 표시한다. 직선 OM을 접는 선으로 하여 반투명 종이를 접는다.
2. 발문: 선분 AM과 BM의 길이를 비교해볼까요?</td></tr>
<tr><td>< 주요 용어와 개념 >
· 현, 수직이등분선</td></tr>
<tr><td rowspan="2">2) 원의 접선</td><td>< 동기유발 소재 >
· 원형 장식품, V자 모양으로 자른 종이와 동전

♣ 동기유발 예시 ♣
1. 상황: 도화지를 V자 모양으로 자르고, 잘려서 생긴 두 선이 만나는 곳에 점 P를 표시한다. 잘려서 생긴 두 선 사이에 동전을 최대한 밀어 넣어 동전이 두 선과 닿도록 한다. 잘려서 생긴 두 선과 동전이 닿는 곳에 각각 두 점 A, B를 표시한다.
2. 발문: 선분 PA와 PB의 길이를 비교해볼까요?</td></tr>
<tr><td>< 주요 용어와 개념 >
· 원의 접선</td></tr>
</table>

차. 'Ⅵ. 원의 성질 - 2. 원주각'

소난원	동기유발 소재 및 주요 용어와 개념
1) 원주각의 성질	**< 동기유발 소재 >** · 카메라 렌즈의 최대각, 원 모양의 시계, 작품 감상 위치 **♣ 동기유발 예시 ♣** 1. **상황**: 컴퓨터 프로그램으로 각의 크기를 측정한다. 2. **발문**: $\angle APB$와 $\angle AOB$의 크기 사이의 관계를 추측해볼까요?
	< 주요 용어와 개념 > · 원주각
2) 원주각의 활용	**< 동기유발 소재 >** · 삼각자를 이용한 원의 접선과 현이 이루는 각의 크기 탐구 **♣ 동기유발 예시 ♣** 1. **상황**: 원에 내접하는 사각형 ABCD를 그리고, 네 내각을 모두 표시한다. 사각형을 네 조각으로 나눈 후 선을 따라 자른다. 한 쌍의 대각이 포함된 두 조각을 변끼리 맞닿고 꼭짓점이 겹치도록 모은다. 2. **발문**: 마주 보는 두 각인 $\angle A$와 $\angle C$의 크기의 합을 구해볼까요?
	< 주요 용어와 개념 > · 원주각, 대각, 접선, 현

카. 'Ⅶ. 통계 - 1. 대푯값과 산포도'

<table>
<tr><th>소단원</th><th>동기유발 소재 및 주요 용어와 개념</th></tr>
<tr><td rowspan="2">1) 대푯값</td><td>
< 동기유발 소재 >
· 원반 골프, 바지의 허리 치수, 태어난 달

♣ 동기유발 예시 ♣
1. 상황: 원반을 각각 10개씩 던져서 바구니 안에 넣은 개수를 조사하였다.
<table>
<tr><th>A 모둠</th><th>경수</th><th>도연</th><th>정미</th><th>현아</th></tr>
<tr><th>개수(개)</th><td>5</td><td>8</td><td>6</td><td>5</td></tr>
</table>
<table>
<tr><th>B 모둠</th><th>수아</th><th>나현</th><th>선우</th><th>윤재</th><th>준호</th></tr>
<tr><th>개수(개)</th><td>7</td><td>4</td><td>5</td><td>6</td><td>5</td></tr>
</table>
2. 발문: 어느 모둠의 기록이 더 좋은지 확인하기 위해서는 두 모둠의 기록을 어떻게 비교해야 할까요?
</td></tr>
<tr><td>
< 주요 용어와 개념 >
· 대푯값, 중앙값, 최빈값
</td></tr>
<tr><td rowspan="2">2) 산포도</td><td>
< 동기유발 소재 >
· 시음 후 맛의 평점, 운동 경기의 득점과 평균

♣ 동기유발 예시 ♣
1. 상황: 두 종류의 음료 A, B를 각각 10명이 시음한 후, 맛에 대한 평점을 조사하였다.
음료 A의 평점 (단위: 점)
<table>
<tr><td>2</td><td>3</td><td>4</td><td>3</td><td>4</td></tr>
<tr><td>2</td><td>4</td><td>3</td><td>3</td><td>2</td></tr>
</table>
음료 B의 평점 (단위: 점)
<table>
<tr><td>3</td><td>5</td><td>3</td><td>4</td><td>4</td></tr>
<tr><td>1</td><td>2</td><td>3</td><td>4</td><td>1</td></tr>
</table>
2. 발문: 두 음료 A, B의 평점을 막대그래프로 나타내어 볼까요?
</td></tr>
<tr><td>
< 주요 용어와 개념 >
· 산포도, 편차, 분산, 표준편차
</td></tr>
</table>

타. 'Ⅶ. 통계 - 2. 상관관계'

<table>
<tr><th>소단원</th><th>동기유발 소재 및 주요 용어와 개념</th></tr>
<tr><td rowspan="2">1) 산점도와 상관관계</td><td>
< 동기유발 소재 >
· 위도와 일평균 최고 기온, 열량과 지방의 양

♣ 동기유발 예시 ♣
1. 상황: 학생 30명이 작년 한 해 동안 읽은 책의 권수와 글쓰기 점수를 조사하였다.
<table>
<tr><th>번호</th><th>읽은 책의 권수(권)</th><th>글쓰기 점수(점)</th><th>번호</th><th>읽은 책의 권수(권)</th><th>글쓰기 점수(점)</th><th>번호</th><th>읽은 책의 권수(권)</th><th>글쓰기 점수(점)</th></tr>
<tr><td>1</td><td>2</td><td>12</td><td>9</td><td>3</td><td>8</td><td>17</td><td>12</td><td>20</td></tr>
<tr><td>2</td><td>4</td><td>10</td><td>10</td><td>2</td><td>10</td><td>18</td><td>12</td><td>16</td></tr>
<tr><td>3</td><td>5</td><td>16</td><td>11</td><td>5</td><td>12</td><td>19</td><td>6</td><td>16</td></tr>
<tr><td>4</td><td>9</td><td>16</td><td>12</td><td>5</td><td>14</td><td>20</td><td>4</td><td>12</td></tr>
<tr><td>5</td><td>8</td><td>16</td><td>13</td><td>13</td><td>20</td><td>21</td><td>6</td><td>14</td></tr>
<tr><td>6</td><td>12</td><td>18</td><td>14</td><td>10</td><td>14</td><td>22</td><td>10</td><td>20</td></tr>
<tr><td>7</td><td>11</td><td>14</td><td>15</td><td>11</td><td>18</td><td>23</td><td>8</td><td>20</td></tr>
<tr><td>8</td><td>1</td><td>8</td><td>16</td><td>11</td><td>20</td><td>24</td><td>6</td><td>12</td></tr>
</table>
2. 발문: 읽은 책의 권수가 많을수록 대체로 글쓰기 점수도 높다고 말할 수 있을까요?
</td></tr>
<tr><td>
< 주요 용어와 개념 >
· 산점도, 상관관계
</td></tr>
</table>

고등학교 1학년

가. ‘Ⅰ. 다항식 - 1. 다항식의 연산’

소단원	동기유발 소재 및 주요 용어와 개념
1) 다항식의 덧셈과 뺄셈	< 동기유발 소재 > · 현금출납기 ♣ 동기유발 예시 ♣ 1. **상황**: 현금출납기로 현금을 정리하기 편하듯 다항식도 항을 차수의 크기순으로 나타내면 계산이 편하다. 2. **발문**: 다항식 $2-4x^2+3x-5x^3$을 차수가 높은 항부터 낮은 항의 순서로 나타내어 볼까요?
	< 주요 용어와 개념 > · 내림차순, 오름차순, 교환법칙, 결합법칙
2) 다항식의 곱셈과 나눗셈	< 동기유발 소재 > · 패치워크, 파스칼의 삼각형 ♣ 동기유발 예시 ♣ 1. **상황**: 가로의 길이가 각각 a, b, c이고, 세로의 길이가 각각 x, y인 6개의 작은 직사각형 모양의 헝겊 조각을 모아 한 개의 큰 직사각형을 만든 패치워크가 있다. 2. **발문**: 패치워크의 넓이를 이용하여 등식이 성립함을 설명해볼까요? $(a+b+c)(x+y)=ax+ay+bx+by+cx+cy$
	< 주요 용어와 개념 > · 교환법칙, 결합법칙, 분배법칙

나. ‘Ⅰ. 다항식 - 2. 나머지정리와 인수분해’

소단원	동기유발 소재 및 주요 용어와 개념
1) 항등식	< 동기유발 소재 > · 달력 속 날짜 사이의 관계 ♣ 동기유발 예시 ♣ 1. **상황**: 다음의 순서에 따라 친구들이 서로 계산한다. ① 한 개의 자연수 x를 생각한다. ② x에 2를 곱한 다음 8을 더한다. ③ ②의 결과를 x에 4를 더한 수로 나눈다. 2. **발문**: 처음 생각한 자연수 x는 서로 달랐지만 계산 결과가 모두 같은 이유를 설명해볼까요?
	< 주요 용어와 개념 > · 미정계수법
2) 나머지 정리	< 동기유발 소재 > · 항등식의 성질을 이용하여 나머지 구하기 ♣ 동기유발 예시 ♣ 1. **상황**: 다항식을 일차식으로 나누어 나머지를 구한다. 다항식 $P(x)=x^3+2x^2+3x+4$를 일차식 $x-1$로 나누었을 때의 몫은 x^2+3x+6이고 나머지는 10이다. 2. **발문**: 등식 $P(x)=(x-1)(\square)+10$에서 x에 어떤 값을 대입하면 되는지 말해볼까요?
	< 주요 용어와 개념 > · 나머지정리, 인수정리, 조립제법

소단원	동기유발 소재 및 주요 용어와 개념
3) 인수분해	**< 동기유발 소재 >** · 직육면체를 이어 붙여 정육면체 만들기 **♣ 동기유발 예시 ♣** 1. **상황**: 밑면의 가로와 세로의 길이가 각각 x, 1이고, 높이도 각각 x, 1인 직육면체 8개를 이어 붙여 한 모서리의 길이가 $x+1$인 정육면체를 만든다. 2. **발문**: 처음 직육면체 8개의 부피의 합과 이어 붙여 만든 정육면체의 부피가 서로 같음을 등식으로 나타내어 볼까요?
	< 주요 용어와 개념 > · 인수분해

다. 'Ⅱ. 방정식과 부등식 - 1. 복소수와 이차방정식'

소단원	동기유발 소재 및 주요 용어와 개념
1) 복소수와 그 연산	**< 동기유발 소재 >** · 실수의 범위에서 방정식의 해 구하기 **♣ 동기유발 예시 ♣** 1. **상황**: 두 방정식 ㉠, ㉡이 있다. ㉠ $x^2=2$ ㉡ $x^2=-1$ 2. **발문**: 실수의 범위에서 두 방정식 ㉠, ㉡의 해를 구할 수 있을까요?
	< 주요 용어와 개념 > · 허수단위, 복소수, 실수부분, 허수부분, 허수, 켤레복소수

<table>
<tr><th>소단원</th><th>동기유발 소재 및 주요 용어와 개념</th></tr>
<tr><td rowspan="2">2) 이차
방정식의
근과
판별식</td><td>< 동기유발 소재 >
· 이차방정식의 근을 구하지 않고 실근인지 허근인지 판별

♣ 동기유발 예시 ♣
1. 상황: 이차방정식을 만족시키는 수를 찾는다.

$3,\ -3,\ 3i,\ -3i$

2. 발문: 이차방정식 $x^2+9=0$을 만족시키는 수를 찾고, 그 수가 실수인지 허수인지 말해볼까요?</td></tr>
<tr><td>< 주요 용어와 개념 >
· 실근, 허근, 판별식</td></tr>
<tr><td rowspan="2">3) 이차
방정식의
근과 계수의
관계</td><td>< 동기유발 소재 >
· 이차방정식의 허근과 켤레복소수

♣ 동기유발 예시 ♣
1. 상황: 이차방정식의 두 근과 합 그리고 곱을 나타냈다.
<table><tr><td>이차방정식</td><td colspan="3">$x^2-4x-5=0$</td></tr><tr><td>두 근</td><td>$-1,\ 5$</td><td>두 근의 합</td><td>4</td></tr></table>
<table><tr><td>이차방정식</td><td colspan="3">$2x^2+5x-3=0$</td></tr><tr><td>두 근</td><td>$-3,\ \frac{1}{2}$</td><td>두 근의 합</td><td>$-\frac{3}{2}$</td></tr></table>
2. 발문: 이차방정식의 두 근의 합과 계수 사이의 관계를 설명해볼까요?</td></tr>
<tr><td>< 주요 용어와 개념 >
· 근과 계수의 관계</td></tr>
</table>

라. ‘Ⅱ. 방정식과 부등식 - 2. 이차방정식과 이차함수’

소단원	동기유발 소재 및 주요 용어와 개념
1) 이차 방정식과 이차함수의 관계	〈 동기유발 소재 〉 · 이차방정식의 해와 이차함수의 그래프 사이의 관계 ♣ 동기유발 예시 ♣ 1. **상황**: 세 이차함수 $y=x^2-1$, $y=x^2$, $y=x^2+1$의 그래프를 나타냈다. 2. **발문**: 세 이차함수의 그래프와 x축의 교점의 x좌표를 각각 구해볼까요?
	〈 주요 용어와 개념 〉 · 실근, 판별식
2) 이차함수의 그래프와 직선의 위치 관계	〈 동기유발 소재 〉 · 이차함수의 세 직선의 위치 관계, 포물선 모양의 조형물 ♣ 동기유발 예시 ♣ 1. **상황**: 이차함수 $y=x^2+1$의 그래프를 그렸다. 2. **발문**: 이차함수 $y=x^2+1$의 그래프와 세 직선 $y=x$, $y=2x$, $y=3x$의 교점의 개수를 각각 구해볼까요?
	〈 주요 용어와 개념 〉 · 판별식, 접한다.
3) 이차 함수의 최대, 최소	〈 동기유발 소재 〉 · 물 로켓, 가격에 따른 판매액의 변화 ♣ 동기유발 예시 ♣ 1. **상황**: 물 로켓을 지면에서 똑바로 위로 쏘아 올렸다. 2. **발문**: 물 로켓이 가장 높이 올라갔을 때는 언제일까요?
	〈 주요 용어와 개념 〉 · 최댓값, 최솟값

마. 'Ⅱ. 방정식과 부등식 - 3. 여러 가지 방정식'

소단원	동기유발 소재 및 주요 용어와 개념
1) 삼차 방정식과 사차 방정식	< 동기유발 소재 > · 연결 큐브, 직사각형 모양의 종이로 상자 만들기 ♣ 동기유발 예시 ♣ 1. **상황**: 크기가 같은 정육면체 모양의 연결 큐브를 이용하여 새로운 정육면체를 만든다. 2. **발문**: 한 모서리에 놓인 연결 큐브가 각각 2개, 3개인 정육면체를 만드는 데 필요한 개수를 구해볼까요?
	< 주요 용어와 개념 > · 삼차방정식, 사차방정식
2) 연립이차 방정식	< 동기유발 소재 > · 브라미굽다 일화(부러신 대나무) ♣ 동기유발 예시 ♣ 1. **상황**: 조건을 만족하는 두 자리 자연수가 있다. (가) 각 자리의 숫자의 합은 11이다. (나) 각 자리의 숫자의 제곱의 합은 65이다. 2. **발문**: 자연수의 십의 자리의 숫자를 x, 일의 자리의 숫자를 y라 할 때, 조건 (가), (나)를 x, y에 대한 방정식으로 각각 나타내어 볼까요?
	< 주요 용어와 개념 > · 연립이차방정식

바. 'Ⅱ. 방정식과 부등식 - 4. 여러 가지 부등식'

소단원	동기유발 소재 및 주요 용어와 개념
1) 일차 부등식	< 동기유발 소재 > · 세 조각의 끈을 세 변으로 하는 삼각형 만들기 ♣ 동기유발 예시 ♣ 1. **상황**: 1L에 각각 1만원, 2만원인 오렌지 원액과 포도 원액을 합하여 20L를 구입한다. 2. **발문**: 구입하는 오렌지 원액의 양을 xL라고 할 때, 오렌지 원액보다 포도 원액을 더 많이 구입하는 상황을 x에 대한 부등식으로 나타내어 볼까요?
	< 주요 용어와 개념 > · 연립부등식, 절댓값
2) 이차 부등식	< 동기유발 소재 > · 축구공이 공중에 떠 있는 시간, 주차 요금 비교 ♣ 동기유발 예시 ♣ 1. **상황**: 지면에서 차올린 축구공이 x초 후에 지면으로부터 y(m) 높이에 있을 때, $y=-5x^2+10x$인 관계가 성립한다. 2. **발문**: 축구공이 공중에 떠 있는 시간의 범위를 구해 볼까요?
	< 주요 용어와 개념 > · 이차부등식, 이차함수

사. 'Ⅲ. 도형의 방정식 - 1. 평면좌표'

소단원	동기유발 소재 및 주요 용어와 개념
1) 두 점 사이의 거리	< 동기유발 소재 > · 위도와 경도를 이용하여 지도상의 직선거리 구하기 ♣ 동기유발 예시 ♣ 1. **상황**: 바둑판에서 줄 사이의 간격이 1이고, 세 바둑돌이 놓여있는 지점을 각각 A, B, C라고 하자. A의 오른쪽으로 3칸 옆에 C가 놓여있고, C의 위쪽으로 4칸 위치에 B가 놓여있다. 2. **발문**: 두 점 A, B 사이의 거리를 구하는 방법을 말해볼까요?
	< 주요 용어와 개념 > · 두 점 사이의 거리
2) 선분의 내분점과 외분점	< 동기유발 소재 > · 범퍼카가 만나는 위치와 움직인 거리의 비 ♣ 동기유발 예시 ♣ 1. **상황**: 12m 떨어진 두 지점 A, B에서 동시에 출발한 두 범퍼카가 움직일 때, A 지점에서 출발한 범퍼카가 B 지점에서 출발한 범퍼카보다 2배 빠르다. 2. **발문**: 두 범퍼카가 만나는 위치를 말해볼까요?
	< 주요 용어와 개념 > · 내분, 외분, 중점

아. 'Ⅲ. 도형의 방정식 - 2. 직선의 방정식'

<table>
<tr><th>소단원</th><th>동기유발 소재 및 주요 용어와 개념</th></tr>
<tr><td rowspan="2">1) 직선의 방정식</td><td>< 동기유발 소재 >
· 일차방정식이 나타내는 직선이 항상 지나가는 점

♣ 동기유발 예시 ♣
1. 상황: 좌표평면 위에 점 A(3, 2)가 있다.
2. 발문: 점 A를 지나고 기울기가 1인 직선 l의 방정식을 구해볼까요? 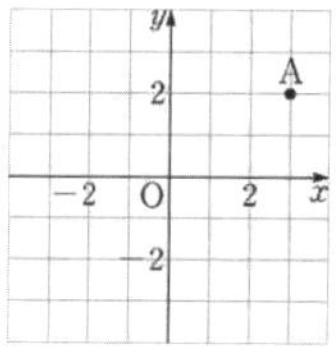</td></tr>
<tr><td>< 주요 용어와 개념 >
· 기울기, 수직, x절편, y절편</td></tr>
<tr><td rowspan="2">2) 두 직선의 평행과 수직</td><td>< 동기유발 소재 >
· 두 직선이 평행할 조건, 두 직선이 수직일 조건

♣ 동기유발 예시 ♣
1. 상황: 좌표평면 위에 직각삼각형 OAB와 OCD가 있다.
2. 발문: 두 직선 AB, CD가 서로 평행한지 말해볼까요? 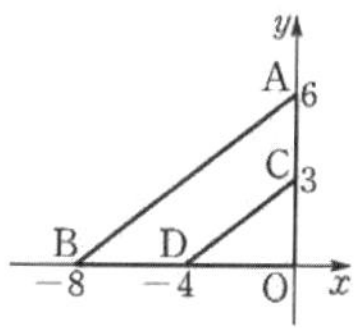</td></tr>
<tr><td>< 주요 용어와 개념 >
· 평행, 수직</td></tr>
<tr><td rowspan="2">3) 점과 직선 사이의 거리</td><td>< 동기유발 소재 >
· 점과 직선 사이의 최단 거리

♣ 동기유발 예시 ♣
1. 상황: P 도시와 A, B 두 도시를 잇는 직선 도로와 연결되는 도로를 가장 짧게 건설하려고 한다.
2. 발문: 건설하려는 도로가 두 도시를 잇는 도로와 만나는 지점이 어디인지 말해볼까요?</td></tr>
<tr><td>< 주요 용어와 개념 >
· 점과 직선 사이의 거리</td></tr>
</table>

자. 'Ⅲ. 도형의 방정식 - 3. 원의 방정식'

<table>
<tr><th>소단원</th><th>동기유발 소재 및 주요 용어와 개념</th></tr>
<tr><td rowspan="2">1) 원의 방정식</td><td>< 동기유발 소재 >
· 경찰선과 해적선의 추적

♣ 동기유발 예시 ♣
1. 상황: 분침의 길이가 10인 원 모양의 시계를 중심이 원점 O와 일치하도록 좌표평면 위에 나타내었다.
2. 발문: 분침의 끝점을 P(x, y)라고 할 때, $\overline{OP}=10$임을 x, y에 대한 식으로 나타내어 볼까요?</td></tr>
<tr><td>< 주요 용어와 개념 >
· 원의 방정식, 중심, 반지름</td></tr>
<tr><td rowspan="2">2) 원과 직선의 위치 관계</td><td>< 동기유발 소재 >
· 호수에 생긴 원 모양의 물결

♣ 동기유발 예시 ♣
1. 상황: 호숫가의 직선 부분에서 6m 떨어진 지점에 돌을 던지면 반지름의 길이가 매초 30cm씩 커지는 원 모양의 물결이 만들어진다.
2. 발문: 물결이 호숫가의 직선 부분에 처음으로 닿는 순간은 몇 초 후인지 구해볼까요?</td></tr>
<tr><td>< 주요 용어와 개념 >
· 원과 직선 사이의 거리, 접선의 방정식</td></tr>
</table>

차. ‘Ⅲ. 도형의 방정식 - 4. 도형의 이동’

소단원	동기유발 소재 및 주요 용어와 개념
1) 평행이동	< 동기유발 소재 > · 테셀레이션, 도형의 평행이동으로 바뀌지 않는 것 ♣ 동기유발 예시 ♣ 1. **상황**: 모눈종이 형태의 도로망이 있다. 2. **발문**: A 지점에서 B 지점으로 가려면 오른쪽과 위쪽으로 몇 칸을 움직여야 하는지 말해볼까요?
	< 주요 용어와 개념 > · 평행이동
2) 대칭이동	< 동기유발 소재 > · 데칼코마니, 타지마할, 대칭이동을 이용한 최단 거리 ♣ 동기유발 예시 ♣ 1. **상황**: 제 1사분면에 그림물감을 두껍게 칠하고 y축을 접는 선으로 하여 접은 후 폍쳤다. 2. **발문**: 점 A의 좌표가 (2, 4)일 때, 점 A와 y축에 대하여 대칭인 점 B의 좌표를 구해볼까요?
	< 주요 용어와 개념 > · 대칭이동

카. 'Ⅳ. 집합과 명제 - 1. 집합'

소단원	동기유발 소재 및 주요 용어와 개념
1) 집합	< 동기유발 소재 > · 이동 수단, 약수의 집합, 배수의 집합 ♣ 동기유발 예시 ♣ 1. **상황**: 5개의 이동 수단을 나열했다. 유람선 KTX 헬리콥터 요트 비행기 2. **발문**: 많은 사람들이 탈 수 있는 이동 수단을 모두 나열해볼까요?
	< 주요 용어와 개념 > · 집합, 원소, 벤다이어그램, 공집합
2) 집합 사이의 포함 관계	< 동기유발 소재 > · 벤다이어그램을 통한 집합 사이의 포함 관계 ♣ 동기유발 예시 ♣ 1. **상황**: 세 집합 A, B, C는 세 친구들이 각각 낚시로 잡은 물고기를 나타낸다. A = {도다리, 우럭}, B = {도다리, 광어, 참돔}, C = {광어, 참돔, 고등어} 2. **발문**: A의 모든 원소가 B에 속하는지 말해볼까요?
	< 주요 용어와 개념 > · 부분집합, 진부분집합
3) 집합의 연산	< 동기유발 소재 > · 두 동아리에 동시에 가입한 학생 수, 힐베르트의 호텔 ♣ 동기유발 예시 ♣ 1. **상황**: 역사 탐구반과 사진반 학생들이 작년에 방문한 장소를 나타냈다. 역사 탐구반: 경복궁, 공주산성, 불국사, 오죽헌 사진반: 해운대, 경복궁, 낙안읍성, 공주산성 2. **발문**: 역사 탐구반과 사진반이 모두 방문한 장소를 말해볼까요?
	< 주요 용어와 개념 > · 합집합, 교집합, 서로소, 교환법칙, 결합법칙, 여집합, 전체집합, 차집합, 드모르간의 법칙

타. ‘Ⅳ. 집합과 명제 - 2. 명제’

소단원	동기유발 소재 및 주요 용어와 개념
1) 명제와 조건	< 동기유발 소재 > · 러셀의 역설(이발사의 역설), 모순(矛盾)의 어원 ♣ 동기유발 예시 ♣ 1. **상황**: 문장 또는 식의 참, 거짓을 알아보려고 한다. ㉠ 11은 홀수이다. ㉡ $1+2=3$ ㉢ 설악산은 높은 산이다. ㉣ $\sqrt{2}>2$ 2. **발문**: 참, 거짓을 판별할 수 없는 것을 찾아볼까요?
	< 주요 용어와 개념 > · 명제, 정의, 증명, 정리, 조건, 진리집합, 부정, 가정, 결론
2) 명제 사이의 관계	< 동기유발 소재 > · 삼단논법, 생물 분류 체계(종속과목강문계) ♣ 동기유발 예시 ♣ 1. **상황**: 명제 ‘포유류는 척추동물이다.’는 참이다. 이 명제는 ‘어떤 동물이 포유류이면 그 동물은 척추동물이다.’를 의미한다. 동물 무척추동물: 절지동물 환형동물 연체동물 편형동물 극피동물 강장동물 척추동물: 포유류 조류 파충류 어류 양서류 2. **발문**: 명제 ‘척추동물이 아니면 포유류가 아니다.’ 의 참, 거짓을 판별해볼까요?
	< 주요 용어와 개념 > · 역, 대우, 충분조건, 필요조건, 필요충분조건

소단원	동기유발 소재 및 주요 용어와 개념
3) 여러 가지 증명법	〈 동기유발 소재 〉 · 한 사람의 진술만이 참(거짓)일 때, 나머지 사람들의 참, 거짓 구분 ♣ 동기유발 예시 ♣ 1. **상황**: 고궁에서 한복을 입은 사람을 대상으로 무료입장 행사를 진행하고 있다. 2. **발문**: 고궁에 입장한 사람에 대하여 다음 명제 중 참인 것을 말해볼까요? ㉠ 무료입장한 사람은 한복을 입고 있다. ㉡ 무료입장하지 않은 사람은 한복을 입고 있지 않다.
	〈 주요 용어와 개념 〉 · 귀류법
4) 절대 부등식	〈 동기유발 소재 〉 · 산술평균, 기하평균, 조화평균 ♣ 동기유발 예시 ♣ 1. **상황**: x가 실수일 때, 부등식의 해를 구한다. ㉠ $x-3>2$ ㉡ $x^2+1 \geq 0$ ㉢ $x^2-3x+4<0$ ㉣ $x^2+2x+1 \geq 0$ 2. **발문**: 해가 존재하는 부등식과 해가 존재하지 않는 부등식을 구분해 볼까요?
	〈 주요 용어와 개념 〉 · 절대부등식

파. 'Ⅴ. 함수 - 1. 함수'

소단원	동기유발 소재 및 주요 용어와 개념
1) 함수	< 동기유발 소재 > · 나라별 주요 도시와 문화유산 짝짓기 ♣ 동기유발 예시 ♣ 1. **상황**: 나라(대한민국, 프랑스, 중국)와 문화유산(에펠탑, 만리장성, 숭례문, 첨성대)을 집합 X, Y로 나타내었고, 나라(대한민국, 프랑스, 중국)와 수도(서울, 파리, 런던, 베이징)를 각각 집합 X, Y로 나타내었다. 2. **발문**: 집합 사이의 올바른 관계를 화살표를 그어 짝지었을 때, 집합 X의 각 원소에 집합 Y의 원소가 하나씩만 짝지어지는 것을 찾아볼까요?
	< 주요 용어와 개념 > · 대응, 정의역, 공역, 치역, 항등함수, 상수함수, 일대일함수, 일대일대응
2) 합성함수	< 동기유발 소재 > · 구입한 음료수와 가격의 대응 관계 ♣ 동기유발 예시 ♣ 1. **상황**: 집합 $X=\{$민우, 호선, 성희$\}$의 원소 '민수, 호선, 성희'가 각각 집합 $Y=\{A, B, C, D\}$의 원소 A, B, D에 대응하고, $Y=\{A, B, C, D\}$의 원소 A, B, C, D는 집합 $Z=\{1500, 2000, 2500\}$의 원소 '1500, 2000, 2500, 2500'에 대응한다. 2. **발문**: 세 친구가 음료수 A, B, C, D를 각자 한 개씩 구입하려고 할 때, 세 사람이 각자 지불해야 할 금액 사이의 대응은 함수라고 할 수 있는지 말해볼까요?
	< 주요 용어와 개념 > · 합성함수
3) 역함수	< 동기유발 소재 > · 반대 방향으로의 대응 중 함수인 것 찾기 ♣ 동기유발 예시 ♣ 1. **상황**: 함수 f의 정의역 $X=\{1, 2, 3\}$의 원소 '1, 2, 3'이 공역 $Y=\{a, b, c\}$의 원소 'a, a, c'에 대응한다. 2. **발문**: 함수 f의 반대 방향으로의 대응을 함수라고 할 수 있을까요?
	< 주요 용어와 개념 > · 역함수

하. 'V. 함수 - 2. 유리함수와 무리함수'

<table>
<tr><th>소단원</th><th>동기유발 소재 및 주요 용어와 개념</th></tr>
<tr><td rowspan="2">1) 유리함수</td><td>< 동기유발 소재 >
· 현악기의 진동수와 현의 길이의 관계

♣ 동기유발 예시 ♣
1. 상황: 현악기의 현의 길이를 처음 길이의 $\frac{1}{2}$배로 하면 진동수는 2배가 되어 높은음 소리가 난다.
2. 발문: 현의 길이를 처음 길이의 $\frac{1}{4}$배로 하면 진동수는 몇 배가 되는지 구해볼까요?</td></tr>
<tr><td>< 주요 용어와 개념 >
· 유리식, 유리함수, 다항함수, 점근선</td></tr>
<tr><td rowspan="2">2) 무리함수</td><td>< 동기유발 소재 >
· 높은 곳에서 볼 수 있는 최대 거리

♣ 동기유발 예시 ♣
1. 상황: 맑은 날 지면으로부터 높이가 hm인 곳에서 볼 수 있는 최대 거리는 $3600\sqrt{h}$이다.
2. 발문: 맑은 날 지면으로부터 높이가 100m인 곳에서 볼 수 있는 최대 거리는 몇 m인지 구해볼까요?</td></tr>
<tr><td>< 주요 용어와 개념 >
· 무리식, 무리함수</td></tr>
</table>

거. 'Ⅵ. 순열과 조합 - 1. 순열과 조합'

<table>
<tr><th>소단원</th><th>동기유발 소재 및 주요 용어와 개념</th></tr>
<tr><td rowspan="2">1) 경우의 수</td><td>< 동기유발 소재 >
· 여행지 선택, 포장 상자의 모양과 색 정하기, 색칠하기

♣ 동기유발 예시 ♣
1. 상황: 7개의 여행지 중 한 곳을 택한다.
2. 발문: 산 또는 해수욕장 중에서 한 곳을 택하는 경우의 수를 구해볼까요?<table><tr><th>산</th><th>해수욕장</th></tr><tr><td>설악산
지리산
한라산</td><td>낙산해수욕장
꽃지해수욕장
해운대해수욕장
협재해수욕장</td></tr></table></td></tr>
<tr><td>< 주요 용어와 개념 >
· 합의 법칙, 곱의 법칙</td></tr>
<tr><td rowspan="2">2) 순열</td><td>< 동기유발 소재 >
· 이어달리기, 타는 순서를 고려하여 놀이기구 선택

♣ 동기유발 예시 ♣
1. 상황: 400m 계주에 출전할 4명의 대표선수를 선발한다.
2. 발문: 4명의 선수 중에서 세 번째, 네 번째 주자를 차례대로 정하는 경우의 수를 구해볼까요?</td></tr>
<tr><td>< 주요 용어와 개념 >
· 순열, 계승</td></tr>
<tr><td rowspan="2">3) 조합</td><td>< 동기유발 소재 >
· 탁구 복식 출전 선수 정하기, 평행사변형의 개수

♣ 동기유발 예시 ♣
1. 상황: 3명의 탁구 선수 A, B, C가 2명씩 조를 구성한다.
2. 발문: 복식에 출전할 두 명을 정하는 방법을 모두 나열해볼까요?</td></tr>
<tr><td>< 주요 용어와 개념 >
· 조합</td></tr>
</table>

V

연도별 기출문제

Ⅴ. 연도별 기출문제

※ 모든 기출문제는 수험생들의 복기를 통해 제작된 것입니다.

2013학년도 기출

2013학년도 중등학교교사 임용후보자 선정경쟁시험 (제2차 시험)

수학 교수·학습 지도안 문제지

수험번호									이 름	

1. 주제: 기울기의 뜻과 일차함수의 그래프

2. 대상

교과서 : 중학교 수학2 / 학년 : 중학교 2학년

3. 단원

Ⅲ. 일차함수 1. 일차함수와 그래프 03. 기울기와 일차함수 그래프

4. 단원의 지도 계통

학습한 내용	
초등학교 5~6학년	정비례
	반비례
중학교 1학년	함수
	함수의 그래프
중학교 2학년	연립방정식

⇨

본 단원의 내용		차시
1. 일차함수의 그래프	1-1. 일차함수의 뜻	1~2
	1-2. 일차함수 그래프의 평행이동과 x절편, y절편	3~5
	1-3. 기울기와 일차함수 그래프	6~7
	1-4. 일차함수의 활용	8~11

2013학년도 중등학교교사 임용후보자 선정경쟁시험 (제2차 시험)

수학 교수·학습 지도안 문제지

수험번호									이 름	

5. 지도안 작성 시 유의사항

1. 실제 수업 상황을 염두에 두고 구체적으로 지도안을 작성하시오.

2. <응시자 작성 부분 1> 부분은 '동기유발'에 대한 수업 내용을 작성하시오.
   (1) 동기유발 소재는 실생활 소재를 이용한다.

3. <응시자 작성 부분 2> 부분은 일차함수에서 '기울기의 뜻'을 찾는 활동 부분을 작성한다.
   (1) 뒷장의 [자료 1]의 (가), (나), (다)가 모두 드러나도록 한다.
   (2) 기울기를 나타내는 방법을 찾는 과정에서 학생들의 의사소통이 일어나도록 하는 교사의 발문이 드러나도록 한다.

4. <응시자 작성 부분 3> 부분에서는 '일차함수의 그래프의 성질'을 지도하는 부분을 작성한다.
   (1) 지도안 답안지에 제시된 [문제]를 이용하여 일차함수 그래프의 성질을 찾는 활동을 한다.
   (2) 뒷장의 [자료 2]가 나타나도록 한다.

6. 수업 상황

수업 장소	교실	수업 자료	칠판, 분필

2013학년도 중등학교교사 임용후보자 선정경쟁시험 (제2차 시험)

수학 교수·학습 지도안 문제지

수험번호									이　름	

[자료 1] 기울기의 뜻

(가) 직관은 인간의 확실성의 존재에 대한 본능적인 믿음을 나타낸다. 직관적 인지의 주요한 한 가지 특성은 즉각성이다. 시각화는 즉각성을 생산하는 주요 인지이며, 흔히 직관적인 지식은 그 시각적인 표상과 동일시된다.

(나) 전형적인 예를 통하여 개념은 주관적으로 구조화된 의미를 얻는다. 전형적인 예는 개념을 정의하고 이해하고 학습하는데, 그리고 모든 지적인 활동에서 기본적인 역할을 한다.

(다) 정의는 논리적인 형식적 구조로써 그 자신의 내적인 산물만을 조종하는 체계를 나타낸다.

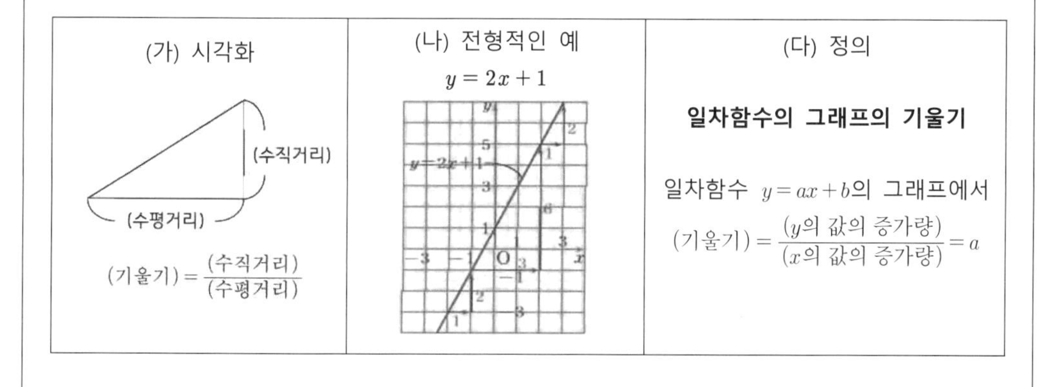

[자료 2]

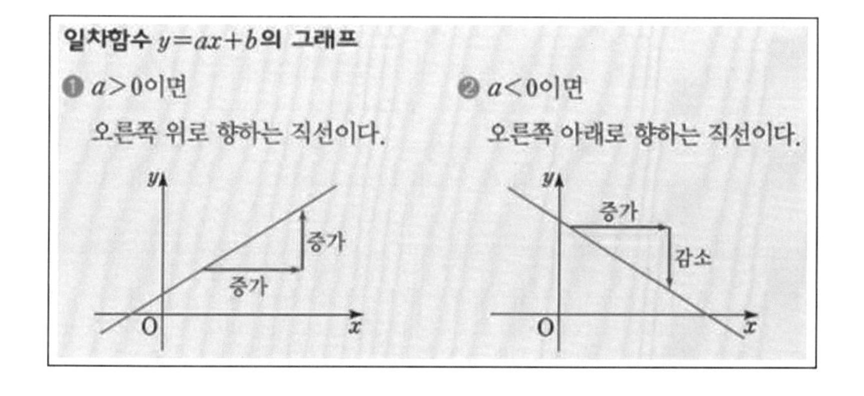

2013학년도 중등학교교사 임용후보자 선정경쟁시험 (제2차 시험)

수학 교수·학습 지도안 답안지

수험번호									이　름	

단　원	Ⅲ. 일차함수 1. 일차함수와 그래프 03 기울기와 일차함수 그래프	차　시	6~7
학습목표	·		

학습단계	학습전개	교 수 · 학 습 과 정
도　입	주의환기	· 인사 및 출석 확인
	동기유발	<응시자 작성 부분 1>
	학습목표	· 학습목표를 확인한다.
전　개	기울기의 뜻	<응시자 작성 부분 2>

2013학년도 중등학교교사 임용후보자 선정경쟁시험 (제2차 시험)

수학 교수·학습 지도안 답안지

수험번호									이 름	

<table>
<tr><td rowspan="2">전 개</td><td></td><td>
• 문제
(1) $y=\frac{1}{2}x-1$ (2) $y=-\frac{2}{3}x+2$</td></tr>
<tr><td>일차함수 그래프의 성질</td><td><응시자 작성 부분 3></td></tr>
<tr><td rowspan="3">정 리</td><td>형성평가</td><td>• 형성평가를 풀어보게 한다.
• 답을 맞춰보고 피드백 한다.</td></tr>
<tr><td>차시예고</td><td>• 다음 차시를 예고한다.</td></tr>
<tr><td>인사</td><td>• 인사하고 마친다.</td></tr>
</table>

2014학년도 기출

2014학년도 중등학교교사 임용후보자 선정경쟁시험 (제2차 시험)

수학 교수·학습 지도안 문제지

수험번호								

이 름	

1. 주제: 부등식의 영역의 활용

2. 대상

교과서 : 수학 Ⅱ
학년 : 고등학교 1학년

3. 단원

Ⅲ. 도형의 방정식 5. 부등식의 영역 02. 부등식의 영역의 활용

4. 단원의 지도 계통

학습한 내용	
중학교 1학년	- 함수와 그래프 - 기본 도형, 작도와 합동 - 평면도형의 성질
중학교 2학년	- 일차함수와 그래프 - 일차함수의 활용 - 삼각형과 사각형의 성질 - 도형의 닮음과 활용
중학교 3학년	- 이차함수와 그래프 - 피타고라스 정리 - 원과 직선, 원주각

⇨

본 단원의 내용		차시
Ⅲ. 도형의 방정식	1. 평면좌표	
	01. 두 점 사이의 거리	
	02. 내분점과 외분점	
	2. 직선의 방정식	
	01. 직선의 방정식	
	02. 두 직선의 평행과 수직	
	03. 점과 직선 사이의 거리	
	3. 원의 방정식	
	01. 원의 방정식	
	02. 원과 직선의 위치 관계	
	4. 도형의 이동	
	01. 평행이동	
	02. 대칭이동	
	5. 부등식의 영역	
	01. 부등식의 영역	
	02. 부등식의 영역의 활용	

2014학년도 중등학교교사 임용후보자 선정경쟁시험 (제2차 시험)

수학 교수·학습 지도안 문제지

수험번호								

이 름	

5. 지도안 작성 시 유의사항

1. 실제 수업 상황을 염두에 두고 구체적으로 지도안을 작성하시오.

2. <응시자 작성 부분 1> 부분은 '선수학습'에 대한 수업 내용을 작성하시오.
   (1) [자료 1]의 문제 (가)를 사용하고 연립부등식의 영역을 그래프로 나타내는 것을 포함하시오.

3. <응시자 작성 부분 2> 부분은 '부등식의 영역에서의 최댓값과 최솟값'을 지도하는 부분을 작성한다.
   (1) [자료 1]의 문제 (나)를 포함한다.

4. <응시자 작성 부분 3> 부분에서는 '부등식의 영역에서의 최댓값과 최솟값에 대한 실생활 활용 문제'를 지도하는 부분을 작성한다.
   (1) [자료 3]의 문제를 사용한다.
   (2) 학생들과의 의사소통이 일어나도록 하는 교사의 발문이 드러나도록 한다.

6. 수업 상황

수업 장소	교실	수업 자료	칠판, 분필

2014학년도 중등학교교사 임용후보자 선정경쟁시험 (제2차 시험)

수학 교수·학습 지도안 문제지

수험번호								

이 름	

[자료 1]

다음 연립부등식의 영역을 좌표평면 위에 나타내고 정해진 영역 내에서 $y-2x$의 최댓값과 최솟값을 구하시오.

(가) $\begin{cases} x+y \le 1 \\ x \ge 0, y \ge 0 \end{cases}$	(나) $\begin{cases} y \ge x^2 \\ y \le x+2 \end{cases}$

[자료 2]

< 부등식의 영역의 최댓값과 최솟값을 구하는 방법 >

① 주어진 부등식의 영역을 좌표평면 위에 나타내고 $f(x,y)=k$ (k는 상수)로 놓는다.

② $f(x,y)=k$의 그래프가 영역을 지나도록 k의 값에 따라 움직여 본다.

③ k의 최댓값 또는 최솟값을 구한다.

[자료 3]

어느 화원에서 꽃바구니 A, B를 만들려고 한다. 꽃바구니는 장미꽃, 국화꽃으로 구성되었다. 다음은 꽃바구니 A와 B의 장미꽃과 국화꽃의 개수에 대한 표이다. 장미꽃은 240송이, 국화꽃은 120송이 이하로 사용하려고 한다. 주어진 조건으로 만들 수 있는 꽃바구니 A와 꽃바구니 B의 개수의 합의 최대의 값은 얼마인가?

	장미(송이)	국화(송이)
꽃바구니 A	3	3
꽃바구니 B	6	2

2014학년도 중등학교교사 임용후보자 선정경쟁시험 (제2차 시험)

수학 교수·학습 지도안 답안지

수험번호									이 름	

단 원	Ⅲ. 도형의 방정식 5. 부등식의 영역 02 부등식의 영역의 활용		**차 시**	
학습목표	• 부등식의 영역을 활용하여 최대 문제, 최소 문제를 해결할 수 있다.			
학습단계	**학습전개**	**교 수 · 학 습 과 정**		
도 입	**주의환기**	• 인사 및 출석 확인		
	선수학습 확인	<응시자 작성 부분 1>		
	동기유발	• 공장에서 제한된 재료로 최대의 이익을 내기 위해서는 어떻게 해야 할까요?		
	학습목표	• 학습목표를 확인한다.		
전 개	부등식의 영역에서의 최댓값과 최솟값	<응시자 작성 부분 2>		

2014학년도 중등학교교사 임용후보자 선정경쟁시험 (제2차 시험)

수학 교수·학습 지도안 답안지

수험번호									이 름	

전 개		
		• 교사는 다음의 내용을 정리한다. <부등식의 영역의 최댓값과 최솟값을 구하는 방법> ① 주어진 부등식의 영역을 좌표평면 위에 나타내고 $f(x,y)=k$ (k는 상수)로 놓는다. ② $f(x,y)=k$의 그래프가 영역을 지나도록 k의 값에 따라 움직여 본다. ③ k의 최댓값 또는 최솟값을 구한다.
	부등식의 영역에서의 최댓값과 최솟값에 대한 실생활 활용 문제	<응시자 작성 부분 3>
정 리	형성평가	• 형성평가를 풀어보게 한다. • 답을 맞춰보고 피드백 한다.
	차시예고	• 다음 차시를 예고한다.
	인사	• 인사하고 마친다.

2015학년도 기출

2015학년도 중등학교교사 임용후보자 선정경쟁시험 (제2차 시험)

수학 교수·학습 지도안 문제지

수험번호									이 름	

기본적인 유의사항 (시험지 표지 내용)

1. 지도안 작성 시간: 9:00~10:00
2. 답안지의 줄은 편의상 그어둔 것으로 줄에 상관없이 답안지를 작성할 수 있다.
3. 틀린 부분은 두 줄을 긋는다. 수정액이나 수정 테이프를 사용한 부분은 무효처리 된다.
4. 답안지 부분에 본인의 이름이나 신분을 노출하는 표시를 하는 경우 답안지 전체가 무효가 된다.
5. 자를 사용할 수 있다.
6. 관리번호란은 빈칸으로 둔다.

지도안 작성 시 유의사항

1. 실제 수업 상황을 염두에 두고 구체적으로 지도안을 작성하여라.

2. <응시자 작성 부분 1> 부분은 '절대부등식의 의미'에 대한 수업 내용을 작성한다.
   (1) 선수학습의 조건을 이용하여 구체적인 예를 통해 도입한다.
   (2) [자료 1]의 예는 사용하지 않는다.

3. <응시자 작성 부분 2> 부분은 '절대부등식의 증명(1)'을 지도하는 부분을 작성한다.
   (1) [자료 2]의 문제(2)를 보이고 등호가 성립함에 유의한다.
   (2) [자료 1]의 성질을 이용한다.

4. <응시자 작성 부분 3> 부분은 '절대부등식의 증명(2)'를 지도하는 부분을 작성한다.
   (1) [자료 3]을 이용한다.
   (2) [자료 1]의 성질을 이용한다.

5. <응시자 작성 부분 4> 부분은 '[자료 3]의 기하적 증명'을 지도하는 부분을 작성한다.
   (1) [자료 4]를 이용한다.

1. 교사와 학생의 의사소통이 드러나도록 작성하여라.
2. 수업 상황은 칠판, 분필만 사용하는 판서 상황임을 고려하여라.
3. 고등학교 1학년 수준의 용어와 기호를 사용하여라.

2015학년도 중등학교교사 임용후보자 선정경쟁시험 (제2차 시험)

수학 교수·학습 지도안 문제지

수험번호									이 름	

[자료 1] 실수의 성질

a, b가 실수일 때,

① $a > b \Leftrightarrow a - b > 0$
② $a^2 \geq 0$
③ $a^2 + b^2 \geq 0$
④ $a > 0, b > 0$일 때 $a > b \Leftrightarrow a^2 > b^2$

[자료 2] 절대부등식 [수업실연 시 사용하지 않음]

a, b가 실수일 때,

(1) $a^2 + b^2 \geq 2ab$
(2) $a^2 + b^2 \geq ab$

[자료 3] 절대부등식

$a > 0, b > 0$일 때, $\dfrac{a+b}{2} \geq \sqrt{ab}$

[자료 4] 절대부등식

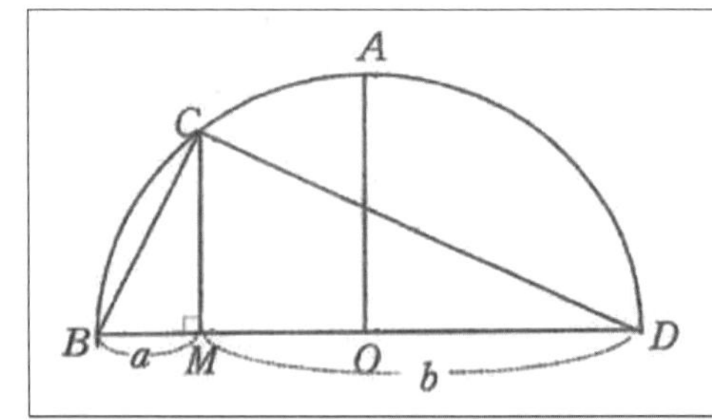

2015학년도 중등학교교사 임용후보자 선정경쟁시험 (제2차 시험)

수학 교수·학습 지도안 답안지

수험번호									이 름	

단 원	집합과 명제 / 명제 / 명제의 증명	차 시	
학습목표	• 절대부등식의 의미를 이해한다. • 간단한 절대부등식의 증명을 할 수 있다.		

학습단계	학습전개	교 수 · 학 습 과 정	시간
도 입	주의환기	• 인사 및 출석 확인	
	선수학습 확인	• 명제와 조건의 뜻을 확인한다.	
		• 교사 : 'x가 실수일 때, $x^2 > x$이다.'는 참인가요?	
		• 학생 : 거짓이에요. $0 \le x \le 1$일 때 성립하지 않아요.	
	학습목표	• 학습목표를 확인한다.	
전 개	절대 부등식의 의미	<응시자 작성 부분 1>	5분
	절대 부등식의 증명(1)	• [자료 2]를 지도하는 교수-학습활동을 한다.	6분
		• 교사 : 가정은 무엇인가요?	
		• 학생 : a, b는 실수입니다.	
		• 교사 : 결론은 무엇인가요?	
		• 학생 : $a^2+b^2 \ge ab$입니다.	
		<응시자 작성 부분 2>	

2015학년도 중등학교교사 임용후보자 선정경쟁시험 (제2차 시험)

수학 교수·학습 지도안 답안지

수험번호		이 름	

전 개	절대 부등식의 증명(2)	• [자료 3]을 지도하는 교수-학습활동을 한다. <응시자 작성 부분 3>	6분
	절대 부등식의 기하적 증명	• [자료 4]의 그림을 제시한다. <응시자 작성 부분 4>	9분
정 리	내용정리	• 이번 차시에 학습한 내용을 정리한다.	
	형성평가	• 형성평가를 풀어보게 한다. • 답을 맞춰보고 피드백 한다. • 형성평가 문제 해결 정도에 따른 과제를 제시한다.	
	차시예고	• 다음 차시를 예고한다.	
	인사	• 인사하고 마친다.	

2016학년도 기출

2016학년도 중등학교교사 임용후보자 선정경쟁시험 (제2차 시험)

수학 교수·학습 지도안 문제지

수험번호								

이 름	

단원명	산포도(분산과 표준편차)	차시	3/7
학습목표	분산과 표준편차의 의미를 알고, 이를 구할 수 있다.		

※ 지도안 작성 방법 (다음 조건에 유의하여 지도안을 작성한다.)

1. <응시자 작성 부분 1>에서는 [자료 1]을 이용하여 동기유발을 하고 산포도의 필요성이 느껴지도록 하는 발문을 포함하도록 한다.

2. <응시자 작성 부분 2>에서는 [자료 2]를 이용하여 분산과 표준편차의 의미와 구하는 방법을 지도하는 내용을 작성한다.

3. <응시자 작성 부분 3>에서는 [자료 3]을 이용하여 점수에 대한 분산이 더 작은 학생이 누구인지 토론하는 교수·학습 상황을 작성하여라.
(단, 학생의 답변에 분산이 더 작은 학생이 누구인지 말하는 상황을 제시하여라. 또한 [그림 1]과 [그림 2]의 내용이 모두 포함되도록 교수·학습상황을 작성하여라.)

4. <응시자 작성 부분 4>에서는 도수분포표에서의 분산과 표준편차와 관련된 모둠별 협동학습 과제를 다음 조건에 맞추어 1가지만 제시하여라.
   (1) 본시 학습 내용을 확인할 수 있고 차시 학습 내용인 '도수분포표에서의 분산과 표준편차'의 주제로 할 수 있는 과제를 제시하라.
   (2) 조사하려는 대상, 자료 조사 방법을 제시하라.
   (3) 공학적 도구를 포함할 것

실제 45분 동안 수업할 내용에 대하여 교수·학습 지도안을 작성하시오.

대상	모둠협동학습	교실환경	교육기자재
32명	4인 1조	칠판, 분필	빔 프로젝터, 스크린, 계산기

2016학년도 중등학교교사 임용후보자 선정경쟁시험 (제2차 시험)

수학 교수·학습 지도안 문제지

수험번호									이　　름	

[자료 1] 다음은 A상자와 B상자에 들어있는 5개의 사과의 당도를 조사한 표이다.

(단위: brix)

A상자	14	15	14	13	14
B상자	16	12	16	10	16

[자료 2] 다음은 A상자와 B상자에서 사과의 당도에 대해 편차와 편차의 평균을 구하는 학생의 풀이 과정이다.

A상자	B상자
편차　$0\ 1\ 0\ -1\ 0$ 편차의 평균　$\frac{0+1+0+(-1)+0}{5}=0$	편차　$2\ -2\ 2\ -4\ 2$ 편차의 평균　$\frac{2+(-2)+2+(-4)+2}{5}=0$
⋮	⋮

[자료 3]

토론학습지

다음은 효철이와 은지가 10번의 게임을 통해 얻은 점수를 서로 다른 방법으로 나타낸 표이다. 학생들은 각 모둠에서 [그림 1]과 [그림 2] 중 하나를 선택해서 효철이와 은지가 10번의 게임을 통해 얻은 점수에 대한 분산이 더 작은 학생이 누구인지 토론하시오.

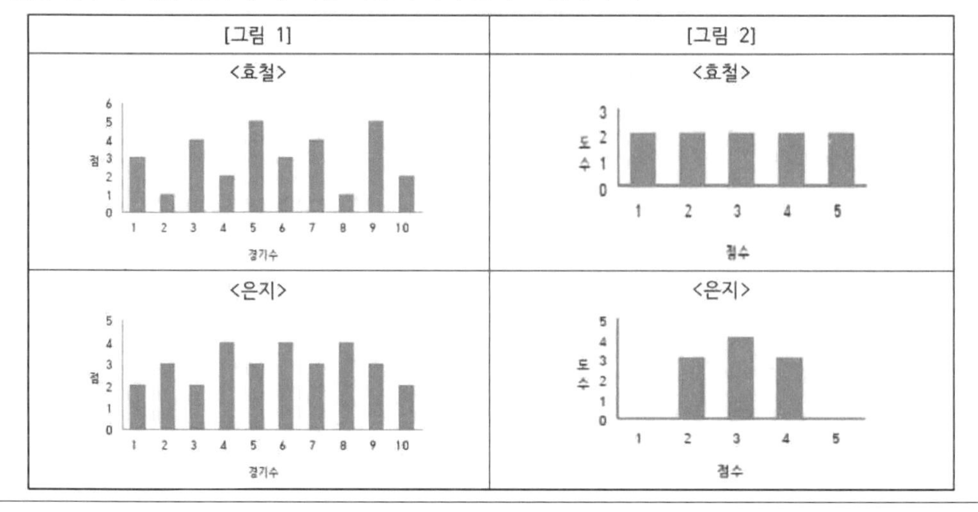

2016학년도 중등학교교사 임용후보자 선정경쟁시험 (제2차 시험)

수학 교수·학습 지도안 답안지

수험번호									이 름	

단 원	통계/산포도(분산과 표준편차)	차 시	3/7
학습목표	• 분산과 표준편차의 의미를 알고 이를 구할 수 있다.		

학습단계	학습전개	교 수 · 학 습 과 정
도 입 (5분)	주의환기	• 인사 및 출석 확인
	선수학습 확인	교사 : 지난 시간에 무엇을 배웠나요? 대푯값을 배웠습니다. 대푯값에는 평균, 중앙값, 최빈값이 있습니다.
	동기유발	<응시자 작성 부분 1>
	학습목표	• 학습목표를 확인한다.
전 개 (15분)	분산과 표준편차의 의미, 분산과 표준편차 구하기	<응시자 작성 부분 2>

2016학년도 중등학교교사 임용후보자 선정경쟁시험 (제2차 시험)

수학 교수·학습 지도안 답안지

수험번호								

이 름	

<table>
<tr><td rowspan="2">(예제)
풀이
(10분)</td><td rowspan="2"></td><td>교사 : 학생과 함께 의사소통하며 (예제)를 풀이한다.</td></tr>
<tr><td>(문제) 다음은 P와 Q의 10경기에서 얻은 점수를 나타낸 표이다. P와 Q 중에서 분산이 더 작은 것은 누구인가?
<table><tr><td>P</td><td>246</td><td>219</td><td>189</td><td>192</td><td>232</td><td>176</td><td>242</td><td>172</td><td>205</td><td>177</td></tr><tr><td>Q</td><td>196</td><td>217</td><td>205</td><td>195</td><td>224</td><td>201</td><td>212</td><td>204</td><td>207</td><td>189</td></tr></table></td></tr>
<tr><td>전 개
계속
(15분)</td><td>토론
학습지</td><td><응시자 작성 부분 3></td></tr>
<tr><td>정 리</td><td>과제제시</td><td><응시자 작성 부분 4></td></tr>
</table>

5 2017학년도 기출

2017학년도 중등학교교사 임용후보자 선정경쟁시험 (제2차 시험)

수학 교수·학습 지도안 문제지

수험번호									이 름	

1. 주제 : 일차방정식

2. 단원

중학교 1학년 Ⅱ. 문자와 식 2. 일차방정식

3. 단원의 지도 계통

본 단원의 내용		차시
2. 일차방정식	• 일차방정식과 그 해	1~2
	• 등식의 성질 • 계수가 정수인 일차방정식	3~4
	• 계수가 분수, 소수인 일차방정식 • 일차방정식의 활용	5~6
	• 일차방정식의 활용	7
	• 단원 정리, 종합	8

4. 지도안 작성 시 유의사항

1. 실제 수업 상황을 염두에 두고 구체적으로 지도안을 작성하여라.
2. [자료 1]을 이용하여 <응시자 작성 부분 1>에 대한 부분을 작성한다.
   지도과정에 대한 교사의 발문과 두 학생의 풀이를 비교하는 과정을 포함한다.
3. [자료 2]의 <활동 1>을 이용하여 <응시자 작성 부분 2>에 대한 부분을 작성한다.
   한 모둠의 발표내용을 작성하고 오류 수정활동을 하는 부분을 포함한다.
   교사와 학생, 학생과 학생의 의사소통을 포함한다.
4. [자료 2]의 <활동 2>를 이용하여 <응시자 작성 부분 3>에 대한 부분을 작성한다.
   한 모둠의 발표내용과 자료를 줄기와 잎 그림으로 나타냈을 때의 장점을 포함한다.
5. <응시자 작성 부분 3>에 대한 부분은 모둠활동을 통해 동료평가를 하되 주어진
   평가기준 항목에 맞는 평가 내용을 한 가지씩 제시한다.

5. 수업 상황

대상	수업 장소	수업 자료	평가
30명	교실	칠판, 분필	동료평가

2017학년도 중등학교교사 임용후보자 선정경쟁시험 (제2차 시험)

수학 교수·학습 지도안 문제지

수험번호									이 름	

[자료 1]

다음은 일차방정식 $2x-\frac{5}{6}=\frac{1}{3}x+\frac{3}{2}$의 해를 구하는 학생 A와 학생 B의 풀이 과정이다. 나머지 풀이과정을 완성하여라.

(학생 A)	(학생 B)
$2x-\frac{5}{6}=\frac{1}{3}x+\frac{3}{2}$ $2x-\frac{1}{3}x=\frac{3}{2}+\frac{5}{6}$	$2x-\frac{5}{6}=\frac{1}{3}x+\frac{3}{2}$ $12x-5=2x+9$

[자료 2]

영수는 용돈을 가지고 2000원짜리 공책 한 권을 구입하고 남의 돈의 $1/5$의 금액으로 연필 한 자루를 구입하고 남은 8000원을 저축하였다. 영수의 용돈은 얼마인가?

<활동 1> $(2000,\ \frac{1}{5},\ 8000)$으로 주어진 수에서 하나를 바꾸어 새로운 문제를 만들어 보고 해결해보자.

<활동 2> 영수의 용돈을 구하는 문제를 공책 한 권의 가격, 연필 한 자루의 가격, 저축한 금액 중 하나로 바꾸어 새로운 문제를 만들고 해결해보자.

2017학년도 중등학교교사 임용후보자 선정경쟁시험 (제2차 시험)

수학 교수·학습 지도안 답안지

수험번호									이 름	

단 원	Ⅱ. 문자와 식 2. 일차방정식 02. 일차방정식~03. 일차방정식의 활용	차 시	5~6
학습목표	• 계수가 분수이거나 소수인 일차방정식을 풀 수 있다. • 일차방정식을 활용하여 실생활 문제를 해결할 수 있다.		

학습단계	학습전개	교 수 · 학 습 과 정
도 입 (5 분)	주의환기	• 인사 및 출석 확인
	선수학습	• 일차방정식과 그 해 • 등식의 성질 • 계수가 정수인 일차방정식
	학습목표	• 학습목표를 확인한다.
전 개 (80 분)	계수가 분수이거나 소수인 일차방정식	<응시자 작성 부분 1>
		• 교사는 계수가 소수일 때도 동일하게 다루어준다. • 교사는 여러 가지 예제와 문제를 통해 일차방정식의 해를 구해본다.
	일차방정식의 활용	• 교사는 일차방정식을 활용하여 실생활 문제를 구하는 방법을 지도한다. • 학생은 예제, 문제를 통해 일차방정식을 활용한 문제를 해결한다. • 교사는 [자료 2]를 제시하여 모둠활동을 통해 <활동 1>과 <활동 2>를 해결해보게 한다. 순회지도를 통해 해결에 어려움을 겪는 학생을 돕고 모든 학생의 참여를 독려한다. • 교사: 모둠활동의 결과를 발표해봅시다. <활동 1>부터 모둠별로 발표를 보세요. 다른 학생들은 발표를 듣고 난 후 질문사항이 있으면 손을 들고 질문을 하면 되겠습니다.

2017학년도 중등학교교사 임용후보자 선정경쟁시험 (제2차 시험)

수학 교수·학습 지도안 답안지

수험번호									이 름	

단계	내용	활동
전 개 (80 분)	일차방정식의 활용	<응시자 작성 부분 2>
		• 교사는 다른 모둠도 발표를 하게 한다.
		<응시자 작성 부분 3>
		• 교사는 다른 모둠의 발표를 듣고 동료평가지를 작성하게 한다.
정 리 (5 분)	동표평가	<응시자 작성 부분 4>
	차시예고	• 다음 차시를 예고한다.
	인사	• 인사하고 마친다.

평가항목	평가내용	○	△	×
문제해결	문제를 적절히 변형하고 이를 올바르게 해결하였는가?			
의사소통	오류가 있는 풀이 과정을 발견하고 적극적으로 발표하였는가?			
태 도	오류가 있는 풀이 과정을 지적받았을 때, 올바른 태도를 유지하였는가?			

2018학년도 기출

2018학년도 중등학교교사 임용후보자 선정경쟁시험 (제2차 시험)

수학 교수·학습 지도안 문제지

수험번호									이 름	

1. 지도안 작성 시 유의사항

1. 실제 수업 상황을 염두에 두고 구체적으로 지도안을 작성하시오.
2. <응시자 작성 부분 1>은 [자료 1]을 이용하여 교사의 구체적 발문을 포함하여 동기유발 단계를 작성하시오.
3. <응시자 작성 부분 2>는 [자료 2~3]을 이용하여 삼각형의 닮음 조건을 발견하는 교수·학습 과정을 작성하시오.
   (1) [자료 2]를 이용하여 삼각형의 닮음 조건을 발견하는 모둠학습 과제를 제시하시오.
   (2) [자료 3]의 <모둠 1>의 발표에 대한 구체적인 반례를 포함하시오. (반례는 그림, 글 등으로 제시)
4. <응시자 작성 부분 3> : [자료 3~4]를 이용하여 작성하시오.
   (1) [자료 3]의 <모둠 2>의 발표를 [자료 4]를 이용하여 설명하는 교수·학습 과정을 작성하시오.
   (2) '삼각형의 닮음 조건'을 정리하는 내용을 포함하시오.

2. 주제 : 삼각형의 닮음 조건

대상 : 중학교 2학년 / 시간 : 90분 (블록타임제)

3. 학습 목표

• 삼각형의 닮음 조건을 이해하고, 이를 이용하여 두 삼각형이 닮음인지 판별할 수 있게 한다.

4. 단원의 지도 계통

본 단원의 내용		차시
1. 도형의 닮음	• 닮음 • 평면 도형에서 닮은 도형의 성질 • 닮음비 • 입체도형에서 닮음의 성질	1~4
	• 삼각형의 닮음조건	5~6
	• 삼각형의 닮음조건의 활용	7
	• 단원 정리, 종합	8

5. 수업 상황

대상	수업시간	교육 기자재	모둠의 형태	평가
30명	90분	칠판, 분필, 각도기	**5인 1조**	관찰평가

2018학년도 중등학교교사 임용후보자 선정경쟁시험 (제2차 시험)

수학 교수·학습 지도안 문제지

수험번호										이　름	

[자료 1]

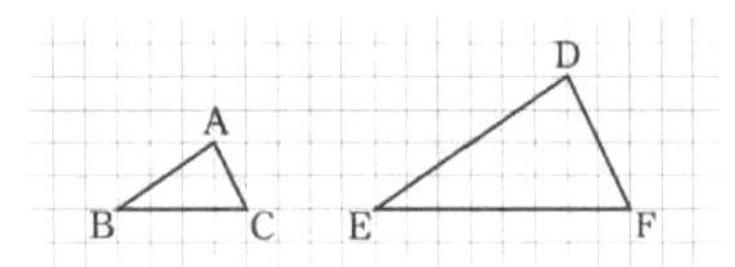

[자료 2]

각 모둠마다 변의 길이와 각의 크기에 대한 조건이 적혀있는 여섯 종류의 카드가 주어져 있다.

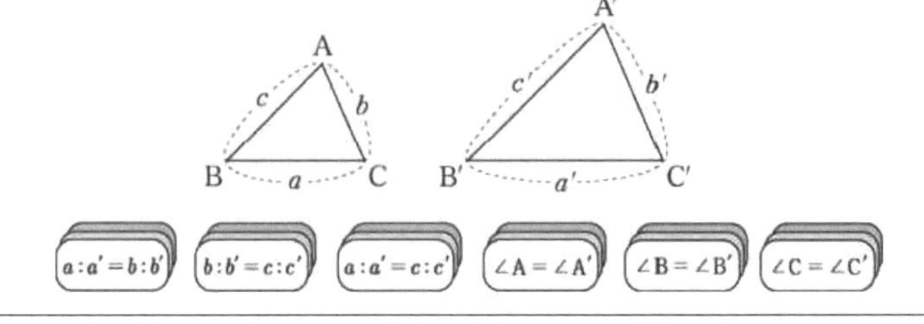

[자료 3]

<모둠 1> (남학생) 발표 : 조건 2개를 만족시키면 두 삼각형은 반드시 닮음이에요.
<모둠 2> (여학생) 발표 : $\angle B = \angle B'$이고 $\angle C = \angle C'$이면 두 삼각형은 닮음이에요.

[자료 4]

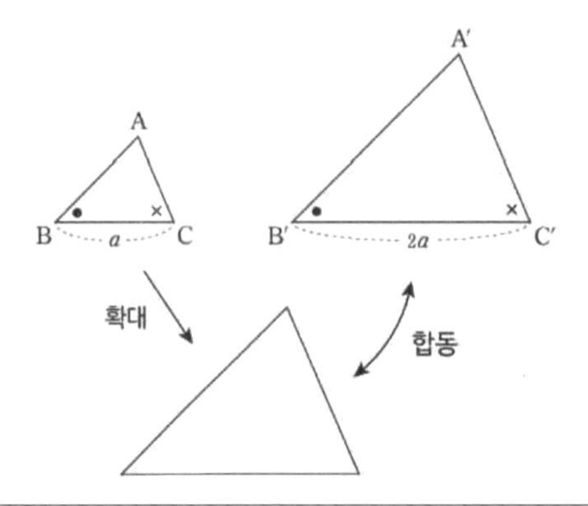

2018학년도 중등학교교사 임용후보자 선정경쟁시험 (제2차 시험)

수학 교수·학습 지도안 답안지

수험번호									이 름	

단 원	02. 삼각형의 닮음 조건	차 시	5~6
학습목표	• 삼각형의 닮음 조건을 이해하게 한다. • 삼각형의 닮음 조건을 이용하여 두 삼각형이 닮음인지 판별할 수 있게 한다.		

학습단계	학습전개	교 수 · 학 습 과 정
도 입 (10 분)	주의환기	• 인사 및 출석 확인
	선수학습 확인	• 교사: 지난시간에는 닮음의 뜻과 닮음의 성질에 대해 배웠어요. 닮음의 뜻이 뭐였지요? • 학생: 한 도형을 일정한 비율로 확대하거나 축소한 도형이 다른 도형과 합동일 때, 두 도형은 닮음인 관계에 있어요. • 교사: 닮음의 성질은 뭐였지요? • 학생: 대응변의 길이의 비가 일정하고, 대응각의 크기가 각각 같아요.
	동기유발	<응시자 작성 부분 1>
	학습목표	• 학습목표를 확인한다.
전 개 (70 분)	모둠활동	<응시자 작성 부분 2>

2018학년도 중등학교교사 임용후보자 선정경쟁시험 (제2차 시험)

수학 교수·학습 지도안 답안지

수험번호									이 름	

전 개		• 학생 D: 아닌 것 같아요. 오른쪽에 제가 그린 그림을 보면 $a:a'=c:c'=1:2$인데, 끼인각이 같은 것이 아니라 $\angle A=\angle A'$이면 하나의 도형을 일정한 비율로 확대하거나 축소해도 다른 도형과 합동이 되지 않아요.
		• 교사: 이제 모둠의 발표가 거의 마무리가 되었어요. 마지막으로 <모둠 2>가 발표해볼까요? • 모둠 2: $\angle B=\angle B'$이고 $\angle C=\angle C'$이면 두 삼각형은 닮음이에요. • 교사: 닮음의 뜻을 이용해서 왜 그런지 한번 설명해볼까요? • 학생: ... 잘 모르겠어요. • 교사: 그럼 선생님이랑 같이 해볼까요?
	모둠 활동 (계속)	<응시자 작성 부분 3>
		• 교사는 학생들과 삼각형의 닮음조건을 이용하여 두 삼각형이 닮음인지 판별하는 여러 가지 문제를 해결한다.
정 리	관찰평가	• 교사는 교실을 돌아다니면서 학생들을 관찰한다.
	차시예고	• 다음 차시를 예고한다.
	인사	• 인사하고 마친다.

2019학년도 기출

2019학년도 중등학교교사 임용후보자 선정경쟁시험 (제2차 시험)

수학 교수·학습 지도안 문제지

수험번호										이 름	

1. 주제 : 이차함수의 최대, 최소

2. 단원

고등학교 1학년	Ⅱ. 방정식과 부등식	2. 이차방정식과 이차함수

3. 단원의 지도 계통

본 단원의 내용		차시
2. 이차방정식과 이차함수	· 이차방정식과 이차함수의 관계	1차시 : 개념학습
	· 이차함수의 그래프와 직선의 위치 관계	2~3차시
	· 이차함수의 최대, 최소 **· 이차함수의 최대, 최소의 실생활에서의 활용**	**4~5차시 :** **모둠학습(관찰평가)**

4. 지도안 작성 시 유의사항

1. 실제 수업 상황을 염두에 두고 구체적으로 지도안을 작성하여라.
2. <응시자 작성 부분 1>은 [자료 1]의 내용을 이용하여 동기유발 장면이 드러나도록 한다.
3. <응시자 작성 부분 2>는 [자료 2]를 활용한 모둠 활동을 하나 제시하고, 모둠 활동 결과를 학생 스스로 일반화하는 과정이 드러나도록 한다.
4. <응시자 작성 부분 3>은 [자료 3]의 내용을 활용하여 제한된 범위에서 이차함수의 최대, 최소와 관련한 실생활 문제를 해결하는 학생이 오류를 스스로 수정하는 과정이 드러나도록 한다.

※ 수업 실연 전 과정에서 학생과 학생, 교사와 학생 사이의 활발한 의사소통이 이루어지도록 하는 교사의 발문을 포함하시오.

5. 수업 상황

대상	시간	수업 방식	수업 기자재	평가
30명	90분	모둠 활동 (5인 1조)	칠판, 분필	관찰평가

2019학년도 중등학교교사 임용후보자 선정경쟁시험 (제2차 시험)

수학 교수·학습 지도안 문제지

수험번호									이 름	

[자료 1]

다음은 지면에서 쏘아올린 물로켓의 경로를 함수로 나타낸 것이다.

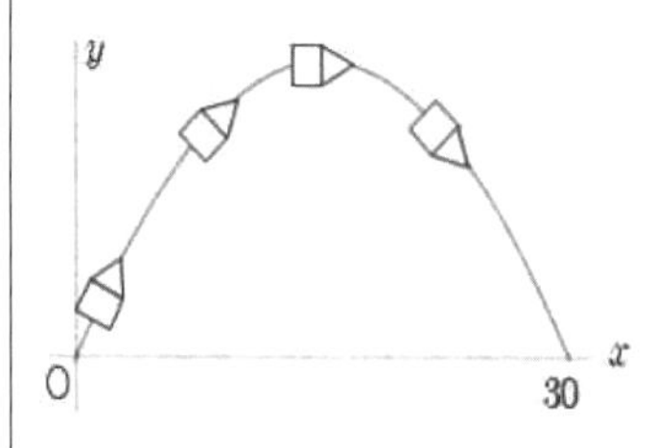

$$y = -\frac{1}{25}x^2 + \frac{6}{5}x$$

[자료 2]

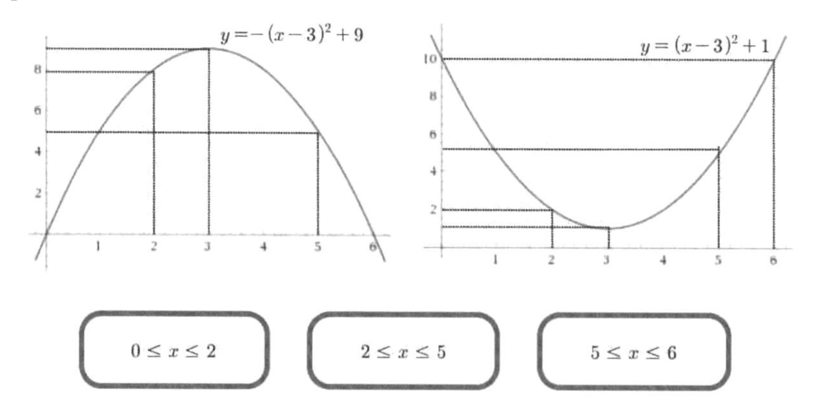

[자료 3]

<문제>

공을 던졌는데 $y = -5t^2 + 30t$의 그래프를 그리며 날아갔다. $1 \le t \le 2$에서 공의 높이가 최대일 때 높이를 구하라.

<어느 학생의 풀이>

$y = -5t^2 + 30t = -5(t-3)^2 + 45$이므로 $t=3$일 때 45, $t=1$일 때 5, $t=2$일 때 40이므로 최대 높이는 45이다.

2019학년도 중등학교교사 임용후보자 선정경쟁시험 (제2차 시험)

수학 교수·학습 지도안 답안지

수험번호									이　　름	

단　원	II. 방정식과 부등식 2. 이차방정식과 이차함수 03. 이차함수의 최대, 최소	차　시	4-5
학습목표	• 이차함수의 최대, 최소를 이해한다. • 이차함수의 최대, 최소를 활용하여 문제를 해결할 수 있다.		

학습단계	학습전개	교 수 · 학 습 활 동	시간(분)
도　입	주의환기	• 인사 및 출석 확인	
	선수학습 확인	• 이차함수의 그래프에 대한 선수학습 내용을 확인한다. 교 사: 여러분은 이차함수 $y=ax^2+bx+c\ (a\neq 0)$의 그래프를 어떻게 그렸었나요? 학 생: 이차함수 $y=ax^2+bx+c\ (a\neq 0)$를 완전제곱의 형태로 바꾸어 꼭짓점의 좌표를 구하고 최고차항의 계수 a의 부호를 고려해서 그래프를 그렸어요. y절편도 구해서 표시했어요.	
		• [자료 1]을 제시한 후	
	동기유발	<응시자 작성 부분 1>	
	학습목표	• 학습목표를 제시한다.	
전　개	모둠활동	• 교사가 [자료 2]를 활용한 모둠활동 과제를 만들어 학생에게 제시한 후	
		<응시자 작성 부분 2>	관찰 평가

2019학년도 중등학교교사 임용후보자 선정경쟁시험 (제2차 시험)

수학 교수·학습 지도안 답안지

수험번호									이 름	

<table>
<tr><td rowspan="5">전 개</td><td>모둠활동</td><td></td><td>관찰
평가</td></tr>
<tr><td colspan="2">• 교사는 각 모둠에서 발표한 내용을 바탕으로 제한된 범위에서 이차함수의 최댓값과 최솟값을 구하는 과정을 정리한다.
• 제한된 범위 안에 꼭짓점이 있는 경우와 제한된 범위 밖에 꼭짓점이 있는 경우에 관련된 다양한 이차함수의 최대, 최소 문제를 해결하는 교수·학습 활동을 한다.</td><td></td></tr>
<tr><td rowspan="2">실생활
문제
활용</td><td>• [자료 3]을 제시한 후</td><td></td></tr>
<tr><td><응시자 작성 부분 3></td><td></td></tr>
<tr><td colspan="3"></td></tr>
<tr><td>정 리</td><td></td><td>• 교사는 모둠활동 결과를 정리한다.</td><td></td></tr>
</table>

2020학년도 기출

2020학년도 중등학교교사 임용후보자 선정경쟁시험 (제2차 시험)

수학 교수·학습 지도안 문제지

수험번호								

이 름	

1. 주제: 확률

2. 단원

중학교 2학년	Ⅵ. 확률	1. 확률과 그 기본 성질

3. 단원의 지도 계통

본 단원의 내용		차시
1. 확률과 그 기본성질	• 경우의 수	1~4
	• **확률**	5~6
	• 확률의 성질 • 사건 A 또는 사건 B가 일어날 확률 • 사건 A와 사건 B가 동시에 일어날 확률	7~9

4. 지도안 작성 시 유의사항

1. 실제 수업 상황을 염두에 두고 구체적으로 지도안을 작성한다. 또한 교사의 적절한 발문을 포함하여 작성한다.
2. <응시자 작성 부분 1>은 확률의 개념을 지도하는 내용을 작성한다.
   가. [자료 1~2]를 이용하여 학생들에게 모둠 활동 과제를 제시한다.
   나. 활동의 의미와 경우의 수의 비유로서 확률의 의미를 연결하여 이해하는 과정을 작성한다.
3. <응시자 작성 부분 2>는 [자료 3]의 문제를 활용하여 모둠 활동 내용을 작성한다.
   가. [자료 3]의 모둠의 발표가 맞음을 주장하는 부분을 포함하여 작성한다.
   나. '경우의 수의 비율'로서 확률을 다룰 때 유의해야 할 점을 포함하여 작성한다.
4. <응시자 작성 부분 3>은 [자료 4]의 문제를 활용하여 작성한다.
   가. [자료 4]의 두 가지 이상의 풀이법과 교사와 학생의 의사소통이 드러나도록 작성한다.
5. 교수·학습 상황에서 교사와 학생의 상호작용이 충분히 드러나도록 작성한다.

5. 수업 상황

대상	수업장소	수업시간	수업 기자재	평가
28명	수학 교과 교실	블록타임제 (90분)	칠판, 분필, 공학적 도구, 교사용 노트북, 학생용 노트북, 주사위	관찰평가

2020학년도 중등학교교사 임용후보자 선정경쟁시험 (제2차 시험)

수학 교수·학습 지도안 문제지

수험번호									이 름	

[자료 1]

주사위를 모둠별로 각자 10번씩 던지게 한다.

	<내가 던진 것>		<모둠에서 던진 것>		<모든 모둠을 합한 것>	
	나온횟수	상대도수	나온횟수	상대도수	나온횟수	상대도수
1						
2						
3						
4						
5						
6						
합계	10	1	40	1	280	1

[자료 2]

1. 다음은 컴퓨터 프로그램을 이용하여 각 주사위의 눈의 수가 나온 횟수를 알아보자. 1단계가 올라갈 때마다 던지는 횟수가 100씩 올라가고 버튼을 누르면 한 단계씩 올라간다.
2. 1의 눈에 대한 상대도수의 그래프가 제시되어 있음

	1단계	2단계	3단계	…	9단계	10단계
1	**20**	**30**	**54**	…	**149**	**165**
2				…		
3				…		
4				…		
5				…		
6				…		
횟수	100	200	300	…	900	100

[자료 3]

문제 : 주사위 두 개를 던져서 나온 두 수를 합했을 때 6이 나올 확률을 구하시오.

모둠A의 발표 : 두 눈의 수의 합이 2에서부터 12까지 경우의 수가 11개이므로 $\frac{1}{11}$이에요.

[자료 4]

문제 : 주사위 두 개를 동시에 던졌을 때 서로 다른 눈의 수가 나오는 확률을 구하시오.

2020학년도 중등학교교사 임용후보자 선정경쟁시험 (제2차 시험)

수학 교수·학습 지도안 답안지

수험번호										이　름	

<table>
<tr><td>단　원</td><td colspan="2">Ⅵ. 확률　1. 확률과 그 기본 성질　02. 확률</td><td>차　시 5~6</td></tr>
<tr><td>학습목표</td><td colspan="3">• 확률의 개념을 설명할 수 있다.
• 확률의 기본성질을 이해하고 이를 활용하여 확률을 구할 수 있다.</td></tr>
<tr><td>학습단계</td><td>학습전개</td><td>교 수 · 학 습 과 정</td><td>시간(분)</td></tr>
<tr><td rowspan="4">도　입</td><td>주의환기</td><td>• 인사 및 출석 확인</td><td></td></tr>
<tr><td>선수학습 확인</td><td rowspan="2">• 상대도수의 의미, 경우의 수의 의미를 떠올리게 한다.
• 강수 확률, 복권 당첨 확률 등 실생활 확률을 이용하여 동기를 유발한다.</td><td rowspan="2"></td></tr>
<tr><td>동기유발</td></tr>
<tr><td>학습목표</td><td>• 학습목표를 제시한다.</td><td></td></tr>
<tr><td rowspan="4">전　개</td><td rowspan="4">모둠활동
및
발표</td><td><응시자 작성 부분 1></td><td>25분</td></tr>
<tr><td>• 학생들의 발표를 통해 확률의 의미를 정리한다.</td><td rowspan="3"></td></tr>
<tr><td>• 확률을 계산하는 문제를 해결한다.</td></tr>
<tr><td>• [자료 3]을 가지고 토의·토론하는 활동을 하고 순회 지도를 통해서 학생들의 관찰평가를 실시하면서 도움이 필요한 모둠에게 도움을 제공한다.</td></tr>
</table>

2020학년도 중등학교교사 임용후보자 선정경쟁시험 (제2차 시험)

수학 교수·학습 지도안 답안지

수험번호									이 름	

전 개	토론 및 발표	<응시자 작성 부분 2>	25분
		• 확률의 기본성질을 정리한다. • 확률을 계산하는 문제를 해결한다. • [자료 4]와 같은 문제를 해결하게 하고 순회지도를 통해서 학생들의 관찰평가를 실시하면서 도움이 필요한 모둠에게 도움을 제공한다.	
	문제풀이 및 발표	<응시자 작성 부분 3>	
정 리	형성평가	• 형성평가를 풀어보게 한다. • 학습 내용을 정리한다.	
	차시예고	• 다음 차시를 예고한다.	
	인 사	• 인사를 하고 마친다.	

Ⅵ

우수 작성 사례

1. 중학교 1학년 '일차방정식' 단원
2. 중학교 2학년 '도형의 닮음' 단원
3. 중학교 3학년 '대푯값과 산포도' 단원
4. 고등학교 1학년 '명제' 단원

1 중학교 1학년 '일차방정식' 단원

2017학년도 중등학교교사 임용후보자 선정경쟁시험 (제2차 시험)

수학 교수·학습 지도안 문제지

수험번호									이 름	

1. 주제 : 일차방정식

2. 단원

중학교 1학년 Ⅱ. 문자와 식 2. 일차방정식

3. 단원의 지도 계통

본 단원의 내용		차시
2. 일차방정식	• 일차방정식과 그 해	1~2
	• 등식의 성질 • 계수가 정수인 일차방정식	3~4
	• 계수가 분수, 소수인 일차방정식 • 일차방정식의 활용	5~6
	• 일차방정식의 활용	7
	• 단원 정리, 종합	8

4. 지도안 작성 시 유의사항

1. 실제 수업 상황을 염두에 두고 구체적으로 지도안을 작성하여라.
2. [자료 1]을 이용하여 <응시자 작성 부분 1>에 대한 부분을 작성한다.
   (1) 지도과정에 대한 교사의 발문을 포함한다.
   (2) 두 학생의 풀이를 비교하는 과정을 포함한다.
3. [자료 2]의 <활동 1>을 이용하여 <응시자 작성 부분 2>에 대한 부분을 작성한다.
   (1) 한 모둠의 발표내용을 작성하고 오류 수정활동을 하는 부분을 포함한다.
   (2) 교사와 학생, 학생과 학생의 의사소통을 포함한다.
4. [자료 2]의 <활동 2>를 이용하여 <응시자 작성 부분 3>에 대한 부분을 작성한다.
   (1) 한 모둠의 발표내용을 포함하여 작성한다.
   (2) 자료를 줄기와 잎 그림으로 나타냈을 때의 장점에 대한 내용을 포함한다.
5. <응시자 작성 부분 4>에 대한 부분은 모둠활동을 통해 동료평가를 하되 주어진 평가기준 항목에 맞는 평가 내용을 한 가지씩 제시한다.

5. 수업 상황

대상	수업 장소	수업 자료	평가
30명	교실	칠판, 분필	동료평가

2017학년도 중등학교교사 임용후보자 선정경쟁시험 (제2차 시험)

수학 교수·학습 지도안 문제지

수험번호								

이 름	

[자료 1]

다음은 일차방정식 $2x-\frac{5}{6}=\frac{1}{3}x+\frac{3}{2}$의 해를 구하는 학생 A와 학생 B의 풀이 과정이다. 나머지 풀이과정을 완성하여라.

(학생 A)	(학생 B)
$2x-\frac{5}{6}=\frac{1}{3}x+\frac{3}{2}$ $2x-\frac{1}{3}x=\frac{3}{2}+\frac{5}{6}$	$2x-\frac{5}{6}=\frac{1}{3}x+\frac{3}{2}$ $12x-5=2x+9$

[자료 2]

영수는 용돈을 가지고 2000원짜리 공책 한 권을 구입하고 남의 돈의 1/5의 금액으로 연필 한 자루를 구입하고 남은 8000원을 저축하였다. 영수의 용돈은 얼마인가?

<활동 1> $(2000, \frac{1}{5}, 8000)$으로 주어진 수에서 하나를 바꾸어 새로운 문제를 만들어 보고 해결해보자.

<활동 2> 영수의 용돈을 구하는 문제를 공책 한 권의 가격, 연필 한 자루의 가격, 저축한 금액 중 하나로 바꾸어 새로운 문제를 만들고 해결해보자.

2017학년도 중등학교교사 임용후보자 선정경쟁시험 (제2차 시험)

수학 교수·학습 지도안 답안지

수험번호		이 름	

단 원	Ⅱ. 문자와 식 2. 일차방정식 02. 일차방정식~03. 일차방정식의 활용	차 시	5~6
학습목표	• 계수가 분수이거나 소수인 일차방정식을 풀 수 있다. • 일차방정식을 활용하여 실생활 문제를 해결할 수 있다.		

학습단계	학습전개	교 수 · 학 습 과 정
도 입 (5 분)	주의환기	• 인사 및 출석 확인
	선수학습	• 일차방정식과 그 해 • 등식의 성질 • 계수가 정수인 일차방정식
	학습목표	• 학습목표를 확인한다.
전 개 (80 분)	계수가 분수 이거나 소수인 일차 방정식	**<응시자 작성 부분 1>** • 교사: 지난 시간에 계수가 정수인 일차방정식을 다뤄봤습니다. 이번 시간에는 계수가 분수인 경우를 생각해보도록 하죠. 먼저 [자료 1]에 제시된 문제를 풀어볼 건데요. 풀이를 시도해볼 친구 있나요? **(의미 단위로 구분하기 위해 한 줄을 띄워서 작성함 -> 실제로는 붙여서 작성)** • 손을 든 학생 A가 호명된 후, 칠판에 풀이 과정을 작성한다. (학생 A의 풀이) $2x-\frac{5}{6}=\frac{1}{3}x+\frac{3}{2}$, $2x-\frac{1}{3}x=\frac{3}{2}+\frac{5}{6}$, $\frac{5}{3}x=\frac{14}{6}$, $x=\frac{7}{5}$ • 교사: 풀이를 잘했어요. 계산 과정에서 힘든 점은 없었나요? • 학생 A: 일차항의 계수가 분수여서 시간이 많이 걸렸습니다. • 교사: 그렇다면 계수가 분수인 경우, 더 간단하게 해결할 수 없나요? • 학생: 정수보다 분수의 경우 분모가 나타난다는 차이가 있으니 분모들을 소거하는 방법을 사용하면 좋을 것 같습니다. 바로 최소공배수를 곱하는 것입니다. • 교사: 좋은 생각입니다. 그럼 분모들의 최소공배수를 양변에 곱함으로써 계수가 정수가 될 수 있겠죠? 위의 방법을 활용하여 한 번 풀어볼 친구 있을까요? • 손을 든 학생 B가 호명된 후, 칠판에 풀이 과정을 작성한다. (학생 B의 풀이) $2x-\frac{5}{6}=\frac{1}{3}x+\frac{3}{2}$, $12x-5=2x+9$, $10x=14$, $x=\frac{7}{5}$

전 개 (80 분)		
	계수가 분수 이거나 소수인 일차 방정식	 • 교사: 한 번 풀어보니깐 어땠나요? 이전보다 쉽게 해결할 수 있었나요? • 학생 A: 아무래도 계수를 정수로 바꾸니 일차방정식의 해를 구하기 쉬웠습니다. • 교사: 두 가지 풀이 과정을 보면서 어떤 풀이가 편리해 보이나요? • 학생: 분수 계산을 다루지 않는다는 점에서 실수도 줄어들고, 시간도 절약할 수 있는 학생 B의 풀이가 더 편리하다는 생각이 듭니다.
		• 교사는 계수가 소수일 때도 동일하게 다루어준다. • 교사는 여러 가지 예제와 문제를 통해 일차방정식의 해를 구해본다.
	일차방정식의 활용	• 교사는 일차방정식을 활용하여 실생활 문제를 구하는 방법을 지도한다. • 학생은 예제, 문제를 통해 일차방정식을 활용한 문제를 해결한다. • 교사는 [자료 2]를 제시하여 모둠활동을 통해 <활동 1>과 <활동 2>를 해결해보게 한다. 순회지도를 통해 해결에 어려움을 겪는 학생을 돕고 모든 학생의 참여를 독려한다. • 교사: 모둠활동의 결과를 발표해봅시다. <활동 1>부터 모둠별로 발표를 해보세요. 다른 학생들은 발표를 듣고 난 후 질문사항이 있으면 손을 들고 질문을 하면 되겠습니다.
	일차 방정식의 활용	**<응시자 작성 부분 2>** • 교사: 모두 최선을 다하고 있네요. 풀이를 먼저 공유할 모둠이 있을까요? • 손을 든 C 모둠의 학생 D가 호명된 후, 풀이 과정을 설명한다. • 학생 D: 저희 모둠은 제시된 문제 조건에서 저축한 금액을 6,000원으로 변경하여 문제를 만든 후, 풀이를 해보았습니다. (학생 D의 풀이) $(x-2000)-\frac{1}{5}\times(x-2000)=6000$으로 식을 세운 뒤, 분모를 소거하기 위해 양변에 분모의 최소공배수인 5를 곱하여 계산하였습니다. 이때 $5(x-2000)-(x-2000)=6000,\ 4x=14000,\ x=3500$이므로 영수의 용돈은 3500원입니다. • 교사: 앞의 풀이 과정을 한 번 확인해볼까요? 해를 올바르게 구했는지 어떻게 확인하면 좋을까요? • 학생: 구한 해를 주어진 수식에 대입해서 올바른지 확인하면 좋을 것 같습니다. • 교사: 그렇다면 $x=3500$을 문제에 대입하니 어떤 결과가 나왔나요? • 손을 든 학생 E가 호명된 후, 자신의 생각을 설명한다. • 학생 E: 주어진 수식에 $x=3500$을 대입하니 좌변은 1000이 나오고, 우변은 6000이므로 등식이 성립하지 않았습니다. 아마도 분모의 최소공배수를 곱하는 과정에서 실수가 있었던 것 같습니다.

<table>
<tr>
<td rowspan="14">전 개
(80 분)</td>
<td rowspan="14">일차
방정식의
활용</td>
<td>• 학생 D: 아, 상수항에 최소공배수를 곱하는 것을 미처 생각하지 못했네.
선생님, 그럼 제가 다시 한 번 수정해서 문제를 풀어보겠습니다.

(풀이 수정) $5(x-2000)-(x-2000)=30000$, $4x=38000$, $x=9500$이므로 용돈은 9500원입니다.</td>
</tr>
<tr><td></td></tr>
<tr><td>• 교사: 바르게 수정해서 정확한 답을 구했네요.</td></tr>
<tr><td>• 교사는 다른 모둠도 발표를 하게 한다.</td></tr>
<tr><td><응시자 작성 부분 3></td></tr>
<tr><td>• 교사: 풀이를 한 번 공유해볼 모둠이 있나요?</td></tr>
<tr><td></td></tr>
<tr><td>• 손을 든 F 모둠의 학생 G가 호명된 후, 풀이 과정을 설명한다.</td></tr>
<tr><td>• 학생 G: 저희 모둠은 제시된 문제 조건에서 공책 한 권의 금액을 구하는 문제로 변경해서 풀이를 해보았습니다.</td></tr>
<tr><td>(새로운 문제) 영수는 용돈 9500원을 가지고 공책 한 권을 구입하고 남의 돈의 $1/5$의 금액으로 연필 한 자루를 구입하고 남은 5200원을 저축하였다. 영수가 구입한 공책 한 권의 금액은 얼마인가?
(학생 F의 풀이) $(9500-x)-\frac{1}{5}\times(9500-x)=5200$으로 식을 세운 뒤, 분모를 소거하기 위해 양변에 분모의 최소공배수인 5를 곱하면 다음과 같습니다.
$5(9500-x)-(9500-x)=26000$, $-4x=-12000$, $x=3000$이므로 영수가 구입한 공책 한 권의 금액은 3000원입니다.</td></tr>
<tr><td></td></tr>
<tr><td>• 교사: 정확하게 계산하여 문제에서 구하고자 하는 값을 도출하였네요.</td></tr>
<tr><td>• 교사는 다른 모둠의 발표를 듣고 동료평가지를 작성하게 한다.</td></tr>
<tr><td></td></tr>
<tr>
<td rowspan="3">정 리
(5 분)</td>
<td>동료평가</td>
<td><응시자 작성 부분 4>
<table>
<tr><th>평가항목</th><th>평가내용</th><th>잘함</th><th>보통</th><th>부족</th></tr>
<tr><td>문제해결</td><td>문제의 조건을 적절하게 변경하고,
이를 올바르게 해결하였는가?</td><td></td><td></td><td></td></tr>
<tr><td>의사소통</td><td>오류가 있는 풀이 과정을 발견하고,
도움을 제공하기 위해 의견을 나누었는가?</td><td></td><td></td><td></td></tr>
<tr><td>태 도</td><td>모둠원의 조언이나 의견을 듣는 과정에서
받아들이려는 자세를 유지했는가?</td><td></td><td></td><td></td></tr>
</table>
</td>
</tr>
<tr><td>차시예고</td><td>• 다음 차시를 예고한다.</td></tr>
<tr><td>인사</td><td>• 인사하고 마친다.</td></tr>
</table>

중학교 2학년 '도형의 닮음' 단원

2018학년도 중등학교교사 임용후보자 선정경쟁시험 (제2차 시험)

수학 교수·학습 지도안 문제지

수험번호										이 름	

1. 지도안 작성 시 유의사항

1. 실제 수업 상황을 염두에 두고 구체적으로 지도안을 작성하시오.
2. <응시자 작성 부분 1>은 [자료 1]을 이용하여 교사의 구체적 발문을 포함하여 동기유발 단계를 작성하시오.
3. <응시자 작성 부분 2>는 [자료 2~3]을 이용하여 삼각형의 닮음 조건을 발견하는 교수·학습 과정을 작성하시오.
   (1) [자료 2]를 이용하여 삼각형의 닮음 조건을 발견하는 모둠학습 과제를 제시하시오.
   (2) [자료 3]의 <모둠 1>의 발표에 대한 구체적인 반례를 포함하시오. (반례는 그림, 글 등으로 제시)
4. <응시자 작성 부분 3> : [자료 3~4]를 이용하여 작성하시오.
   (1) [자료 3]의 <모둠 2>의 발표를 [자료 4]를 이용하여 설명하는 교수·학습 과정을 작성하시오.
   (2) '삼각형의 닮음 조건'을 정리하는 내용을 포함하시오.

2. 주제 : 삼각형의 닮음 조건

대상 : 중학교 2학년 / 시간 : 90분 (블록타임제)

3. 학습 목표

• 삼각형의 닮음 조건을 이해하고, 이를 이용하여 두 삼각형이 닮음인지 판별할 수 있게 한다.

4. 단원의 지도 계통

본 단원의 내용		차시
1. 도형의 닮음	• 닮음 • 평면 도형에서 닮은 도형의 성질 • 닮음비 • 입체도형에서 닮음의 성질	1~4
	• 삼각형의 닮음조건	5~6
	• 삼각형의 닮음조건의 활용	7
	• 단원 정리, 종합	8

5. 수업 상황

대상	수업시간	교육 기자재	모둠의 형태	평가
30명	90분	칠판, 분필, 각도기	**5인 1조**	관찰평가

2018학년도 중등학교교사 임용후보자 선정경쟁시험 (제2차 시험)

수학 교수·학습 지도안 문제지

수험번호									이 름	

[자료 1]

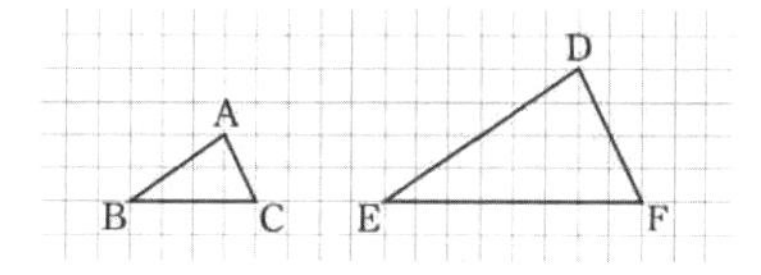

[자료 2]

각 모둠마다 변의 길이와 각의 크기에 대한 조건이 적혀있는 여섯 종류의 카드가 주어져 있다.

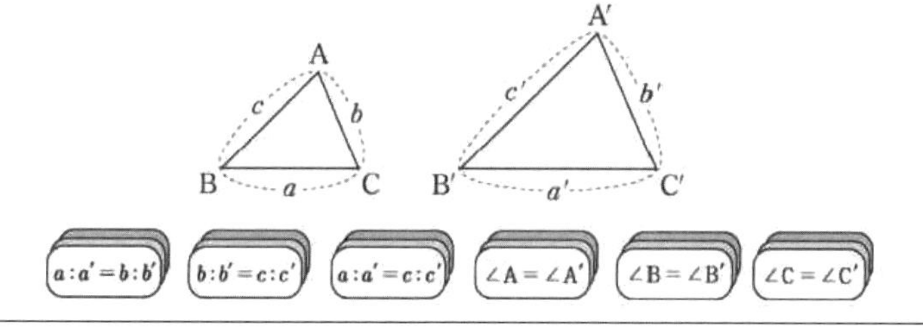

[자료 3]

<모둠 1> (남학생) 발표 : 조건 2개를 만족시키면 두 삼각형은 반드시 닮음이에요.
<모둠 2> (여학생) 발표 : $\angle B = \angle B'$이고 $\angle C = \angle C'$이면 두 삼각형은 닮음이에요.

[자료 4]

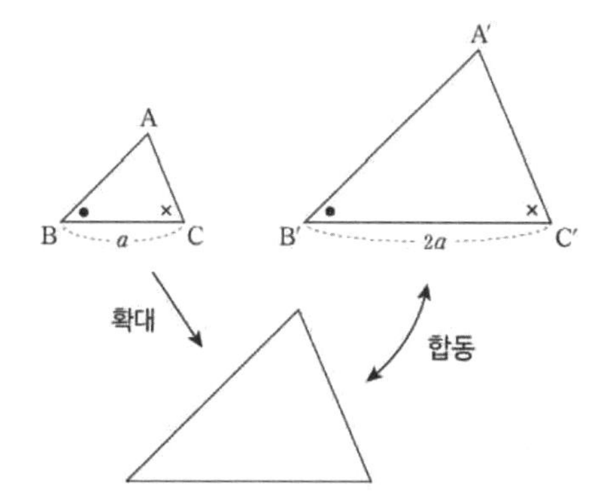

2018학년도 중등학교교사 임용후보자 선정경쟁시험 (제2차 시험)

수학 교수·학습 지도안 답안지

수험번호									이　름	

단　원	02. 삼각형의 닮음 조건	차　시	5~6
학습목표	• 삼각형의 닮음 조건을 이해하게 한다. • 삼각형의 닮음 조건을 이용하여 두 삼각형이 닮음인지 판별할 수 있게 한다.		

학습단계	학습전개	교 수 · 학 습 과 정
도 입 (10 분)	주의환기	• 인사 및 출석 확인
	선수학습 확인	• 교사: 지난 시간에는 닮음의 뜻과 닮음의 성질에 대해 배웠어요. 닮음의 뜻이 뭐였지요? • 학생: 한 도형을 일정한 비율로 확대하거나 축소한 도형이 다른 도형과 합동일 때, 두 도형은 닮음인 관계에 있어요. • 교사: 닮음의 성질은 뭐였지요? • 학생: 대응변의 길이의 비가 일정하고, 대응각의 크기가 각각 같아요.
	동기유발	<응시자 작성 부분 1> • 모둠별로 모눈종이와 각도기를 사용할 수 있도록 미리 제공한다. (의미 단위로 구분하기 위해 한 줄을 띄워서 작성함 -> 실제로는 붙여서 작성) • 교사: 모둠 책상 위에 있는 모눈종이와 각도기를 사용하여 [자료 1]에 제시된 두 삼각형이 서로 닮음인지 아닌지 확인해봅시다. 작은 삼각형의 세 변의 길이를 각각 재어 길이가 2배가 되는 삼각형을 모눈종이 위에 그린 후, 큰 삼각형과 한 번 비교해보세요. 두 삼각형이 서로 어떤가요? • 학생: 서로 똑같습니다. 모눈종이 위의 두 삼각형이 서로 포개져요. • 교사: 두 삼각형을 지난 시간에 배운 개념으로 설명하면 어떨까요? • 학생: 닮음이에요. • 교사: 두 삼각형의 특징을 살펴볼까요? 어떤 관계가 있을까요? • 학생: 큰 삼각형의 세 변의 길이가 대응을 이루는 작은 삼각형의 세 변의 길이보다 각각 2배씩 큽니다. • 교사: 그럼 이번 시간에는 삼각형들이 서로 닮음이 되기 위한 조건을 알아보도록 합시다.
	학습목표	• 학습목표를 확인한다.
전 개 (70 분)	모둠활동	<응시자 작성 부분 2> • 교사: 모둠 책상 위에 놓인 [자료 2]를 함께 보세요. 만약 제시된 여섯 종류의 카드를 모두 만족하는 삼각형은 서로 어떤 관계일까요? • 학생: 닮음이라고 할 수 있습니다.

<table>
<tr>
<td rowspan="2">전 개</td>
<td>모둠활동</td>
<td>
• 교사: 하지만 항상 삼각형들의 대응변의 길이의 비와 대응각의 크기를 알 수는 없기 때문에 두 삼각형이 닮음이 되기 위한 조건의 개수가 가장 적은 경우는 언제인지 모둠별로 토의를 해봅시다.
이제 <모둠 1>에서 발표해보죠.

• 학생 A: 앞의 [자료 1]을 통해 큰 삼각형의 세 변의 길이가 대응을 이루는 작은 삼각형의 세 변의 길이의 2배가 된다는 사실로부터 큰 삼각형과 작은 삼각형의 닮음비는 $2:1$임을 알 수 있습니다.
이로부터 세 장의 카드 $a:a'=b:b'$, $b:b'=c:c'$, $c:c'=a:a'$ 중에서 2가지만 만족하면 서로 닮음인 삼각형이라고 할 수 있습니다.

• 학생 B: 저는 세 변의 길이의 비로 접근한 학생 A와는 달리 각의 크기를 포함하여 생각해보았습니다.
대응각의 크기가 같다는 세 가지 조건 중 한 가지를 만족한다고 가정합니다.
만약 $\angle A=\angle A'$라고 할 때, 각도기로 두 삼각형에서 $\angle A$, $\angle A'$의 크기를 같다고 맞춰놓은 후, 변의 길이에 대한 조건을 생각합니다.
이 과정에서 $\angle A$, $\angle A'$에 대응하는 변을 제외한 나머지 두 쌍의 대응변의 길이의 비가 서로 같으면 두 삼각형이 서로 닮음임을 알게 되었습니다.
이로부터 $\angle A=\angle A'$이고 $b:b'=c:c'$이면 두 삼각형은 서로 닮음이라고 할 수 있습니다.

• 학생 C: 앞의 두 친구들의 발표를 통해 주어진 여섯 가지 조건 중 두 가지만 만족하면 두 삼각형이 서로 닮음이라는 결론을 얻었습니다.

• 교사: <모둠 1> 마지막 결론에 대한 여러분들의 생각은 어떤가요?
• 학생 D: 저는 조금 다른 생각을 가지고 있습니다. 오른쪽 그림에서 대응하는 두 변의 길이의 비는 각각 $1:2$이지만 끼인각이 아닌 다른 한 각이 서로 같다고 해서 두 삼각형이 서로 닮음이라고 할 수는 없습니다. 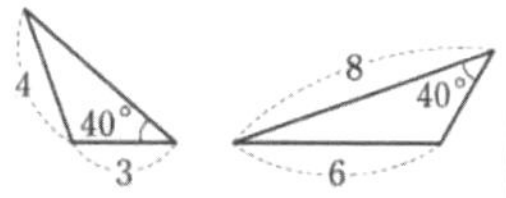
이로부터 위의 여섯 가지 조건 중 두 가지만 만족한다고 해서 무조건 두 삼각형이 서로 닮음이라는 것은 잘못된 결론이라고 생각합니다.
</td>
</tr>
<tr>
<td></td>
<td>
• 교사: 이제 모둠의 발표가 거의 마무리가 되었어요. 마지막으로 <모둠 2>가 발표해볼까요?
• 모둠 2: $\angle B=\angle B'$이고 $\angle C=\angle C'$이면 두 삼각형은 닮음이에요.
• 교사: 닮음의 뜻을 이용해서 왜 그런지 한번 설명해볼까요?
• 학생: ... 잘 모르겠어요.
• 교사: 그럼 선생님이랑 같이 해볼까요?
</td>
</tr>
</table>

전 개	**모둠 활동 (계속)**	<응시자 작성 부분 3> • 교사: [자료 ?]의 두 조건인 $\angle B=\angle B'$, $\angle C=\angle C'$이면 두 삼각형이 서로 닮음이라는 사실을 [자료 4]를 활용하여 설명하도록 할게요. 모두 [자료 4]의 도형들을 함께 살펴봅시다. 먼저 $\overline{BC}:\overline{B'C'}=1:2$라 할 때, 삼각형 ABC를 2배로 확대한 삼각형을 아래에 그려두었습니다. 이때 삼각형 $A'B'C'$와 확대된 삼각형은 서로 어떤 관계인가요? • 학생: $\overline{BC}$를 2배로 확대한 변의 길이와 $\overline{B'C'}$의 길이가 각각 $2a$로 같고, $\angle B$, $\angle C$에 대응하는 확대된 삼각형의 두 각과 $\angle B'$, $\angle C'$가 서로 같으므로 두 삼각형을 합동임을 알 수 있습니다. 따라서 삼각형 ABC와 삼각형 $A'B'C'$는 서로 닮음 관계입니다. • 교사: 정확하게 설명했습니다. 앞에서는 $\overline{BC}:\overline{B'C'}=1:2$이라고 가정 했지만 실제로는 대응변의 길이의 비가 다르더라도 두 쌍의 대응각의 크기가 서로 같다면 두 삼각형은 서로 닮음 관계에 있다는 결론을 도출할 수 있겠네요. 이제 모둠 발표내용을 종합적으로 정리하여 <삼각형의 닮음 조건>을 완성하도록 합시다.
		<삼각형의 닮음조건> 두 삼각형은 다음의 각 경우에 닮은 도형이다. 1. 세 쌍의 대응변의 길이의 비가 각각 같을 때 $a:a'=b:b'=c:c'$ 2. 두 쌍의 대응변의 길이의 비가 각각 같고, 그 끼인각의 크기가 같을 때 $a:a'=c:c'$, $\angle B=\angle B'$ 3. 두 쌍의 대응각의 크기가 각각 같을 때 $\angle B=\angle B'$, $\angle C=\angle C'$
		• 교사는 학생들과 삼각형의 닮음조건을 이용하여 두 삼각형이 닮음인지 판별하는 여러 가지 문제를 해결한다.
정 리	**관찰평가**	• 교사는 교실을 돌아다니면서 학생들을 관찰한다.
	차시예고	• 다음 차시를 예고한다.
	인사	• 인사하고 마친다.

3 중학교 3학년 '대푯값과 산포도' 단원

2016학년도 중등학교교사 임용후보자 선정경쟁시험 (제2차 시험)

수학 교수·학습 지도안 문제지

수험번호								

이 름	

단원명	산포도(분산과 표준편차)	차시	3/7
학습목표	분산과 표준편차의 의미를 알고, 이를 구할 수 있다.		

※ 지도안 작성 방법 (다음 조건에 유의하여 지도안을 작성한다.)

1. <응시자 작성 부분 1>에서는 [자료 1]을 이용하여 동기유발을 하고 산포도의 필요성이 느껴지도록 하는 발문을 포함하도록 한다.

2. <응시자 작성 부분 2>에서는 [자료 2]를 이용하여 분산과 표준편차의 의미와 구하는 방법을 지도하는 내용을 작성한다.

3. <응시자 작성 부분 3>에서는 [자료 3]을 이용하여 점수에 대한 분산이 더 작은 학생이 누구인지 토론하는 교수·학습 상황을 작성하여라.
(단, 학생의 답변에 분산이 더 작은 학생이 누구인지 말하는 상황을 제시하여라. 또한 [그림 1]과 [그림 2]의 내용이 모두 포함되도록 교수·학습상황을 작성하여라.)

4. <응시자 작성 부분 4>에서는 도수분포표에서의 분산과 표준편차와 관련된 모둠별 협동학습 과제를 다음 조건에 맞추어 1가지만 제시하여라.
   (1) 본시 학습 내용을 확인할 수 있고 차시 학습 내용인 '도수분포표에서의 분산과 표준편차'의 주제로 할 수 있는 과제를 제시하라.
   (2) 조사하려는 대상, 자료 조사 방법을 제시하라.
   (3) 공학적 도구를 포함할 것

실제 45분 동안 수업할 내용에 대하여 교수·학습 지도안을 작성하시오.

대상	모둠협동학습	교실환경	교육기자재
32명	4인 1조	칠판, 분필	빔 프로젝터, 스크린, 계산기

2016학년도 중등학교교사 임용후보자 선정경쟁시험 (제2차 시험)

수학 교수·학습 지도안 문제지

수험번호								

이 름	

[자료 1] 다음은 A상자와 B상자에 들어있는 5개의 사과의 당도를 조사한 표이다.

(단위: brix)

A상자	14	15	14	13	14
B상자	16	12	16	10	16

[자료 2] 다음은 A상자와 B상자에서 사과의 당도에 대해 편차와 편차의 평균을 구하는 학생의 풀이 과정이다.

A상자	B상자
(편차) $0\ 1\ 0\ -1\ 0$ (편차의 평균) $\frac{0+1+0+(-1)+0}{5}=0$	(편차) $2\ -2\ 2\ -4\ 2$ (편차의 평균) $\frac{2+(-2)+2+(-4)+2}{5}=0$
⋮	⋮

[자료 3]

토론학습지

다음은 효철이와 은지가 10번의 게임을 통해 얻은 점수를 서로 다른 방법으로 나타낸 표이다. 학생들은 각 모둠에서 [그림 1]과 [그림 2] 중 하나를 선택해서 효철이와 은지가 10번의 게임을 통해 얻은 점수에 대한 분산이 더 작은 학생이 누구인지 토론하시오.

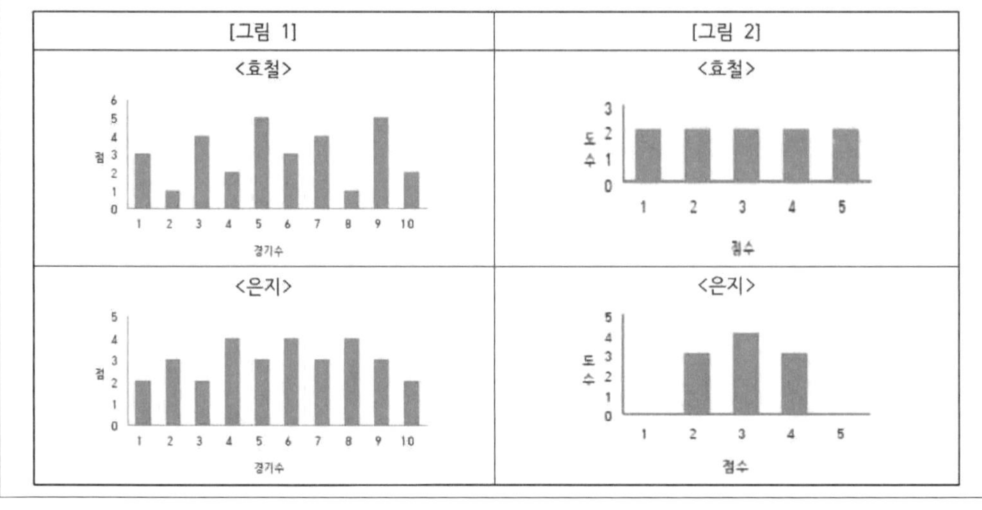

2016학년도 중등학교교사 임용후보자 선정경쟁시험 (제2차 시험)

수학 교수·학습 지도안 답안지

수험번호									이 름	

단 원	통계/산포도(분산과 표준편차)	차 시	3/7
학습목표	• 분산과 표준편차의 의미를 알고 이를 구할 수 있다.		

학습단계	학습전개	교 수 · 학 습 과 정
도 입 (5분)	주의환기	• 인사 및 출석 확인
	선수학습 확인	교사 : 지난 시간에 무엇을 배웠나요? 대푯값을 배웠습니다. 대푯값에는 평균, 중앙값, 최빈값이 있습니다.
	동기유발	<응시자 작성 부분 1> • 교사는 빔 프로젝트를 이용하여 스크린에 [자료 1]을 띄운다. • 교사: 스크린에 보이는 표를 보시면 A, B 두 상자에 각각 5개씩 사과의 당도가 나타나 있습니다. 먼저 각각의 평균을 한 번 구해볼까요? • 학생: 상자 A는 평균이 14이고, 상자 B도 평균이 14입니다. • 교사: 그럼 두 상자 속 사과의 당도를 막대그래프로 나타내어 보세요. 가로에는 당도를, 세로에는 변량을 표시합니다. 상자 A 속 사과의 당도 (세로축: 0, 1, 2, 3, 4 / 가로축: 10, 11, 12, 13, 14, 15, 16 (brix)) 상자 B 속 사과의 당도 (세로축: 0, 1, 2, 3, 4 / 가로축: 10, 11, 12, 13, 14, 15, 16 (brix)) • 교사: 여러분이 그린 막대그래프를 통해 어떤 사실을 알 수 있나요? • 학생: 상자 A에 비해 상자 B 속 사과의 당도가 조금 더 서로 흩어져 있는 것 같습니다. 평균이 같더라도 흩어진 정도는 서로 차이가 있을 수 있네요.

전 개 (15분)	분산과 표준편차 의 의미, 분산과 표준편차 구하기	<응시자 작성 부분 2> • 교사는 산포도와 편차의 의미를 설명한다. 이후, 학생들이 두 상자 A, B 속 사과의 당도에 대한 편차와 편차의 평균을 각각 구해본다. • 교사는 순회 지도를 통해 해결에 어려움을 겪는 학생을 돕고 모든 학생의 참여를 독려한다. 이후 앞으로 돌아와 학생 A의 풀이 과정인 [자료 2]를 칠판에 적는다. • 교사: 칠판에 적은 풀이 과정을 통해 알 수 있는 것은 무엇인가요? • 학생: 두 상자 속 사과의 당도의 편차는 서로 다르지만 편차의 합이 둘 다 0이 나와서 편차의 평균도 모두 0이 됩니다. • 교사: 그럼 방금 구한 편차의 평균을 통해서 평균을 중심으로 변량이 흩어진 정도를 구할 수 있을까요? • 학생: 편차의 평균만으로는 변량이 흩어진 정도인 산포도를 구할 수 없습니다. • 교사: 이번에는 두 상자 A, B 속 사과의 당도에 대한 편차의 제곱과 편차의 제곱의 평균을 구해볼까요? • 학생: 상자 A의 편차의 제곱의 평균은 $\frac{2}{5}$이고, 상자 B의 편차의 제곱의 평균은 $\frac{32}{5}$로 서로 다릅니다. 상자 B의 편차의 제곱의 평균이 더 크게 나타납니다. • 교사: 편차의 총합이 항상 0이기 때문에 편차의 평균도 0이 되어 산포도를 알 수 없었지만 편차를 제곱하면 그 값은 모두 음이 아니므로 편차의 제곱의 평균을 이용하면 변량이 흩어진 정도를 알 수 있음을 이해할 수 있겠네요. • 교사: 이를 정의하면 각 편차의 제곱의 평균을 분산이라 하고, 수식 형태로 나타내면 $(\text{분산}) = \frac{(\text{편차})^2\text{의 총합}}{(\text{변량의 개수})}$으로 표현합니다. 또한 분산의 음이 아닌 제곱근을 표준편차라고 정의하고, 수식으로 나타내면 $(\text{표준편차}) = \sqrt{(\text{분산})}$입니다. • 교사는 위의 정의를 바탕으로 두 상자 A, B 속 사과의 당도에 대한 분산과 표준편차를 학생들이 직접 구해볼 수 있도록 한다.

<table>
<tr>
<td rowspan="2">(예제)
풀이
(10분)</td>
<td rowspan="2">문제 풀이</td>
<td>• 교사는 학생과 함께 의사소통하며 (예제)를 풀이한다.</td>
</tr>
<tr>
<td>(문제) 다음은 P와 Q의 10경기에서 얻은 점수를 나타낸 표이다. P와 Q 중에서 분산이 더 작은 것은 누구인가?
<table>
<tr><td>P</td><td>246</td><td>219</td><td>189</td><td>192</td><td>232</td><td>176</td><td>242</td><td>172</td><td>205</td><td>177</td></tr>
<tr><td>Q</td><td>196</td><td>217</td><td>205</td><td>195</td><td>224</td><td>201</td><td>212</td><td>204</td><td>207</td><td>189</td></tr>
</table>
</td>
</tr>
<tr>
<td>전 개
계속
(15분)</td>
<td>토론
학습지</td>
<td><응시자 작성 부분 3>
• 교사는 준비한 토론학습지를 각 모둠에 나눠준 후, 모둠원들이 서로 토론하며 문제를 해결하도록 하고, 복잡한 계산이 나오는 경우 계산기를 사용하도록 한다.

• 교사는 빔 프로젝트를 이용하여 스크린에 [자료 3]을 띄운다.

• 학생 A: 주어진 [그림 1], [그림 2]를 보며 각자의 의견을 말해보자.
• 학생 B: 나부터 의견을 말해볼게. [그림 1]을 보면 효철이의 점수가 낮았던 경기가 많기 때문에 은지보다 분산이 더 작을 것 같아.
• 학생 C: 나는 조금 생각이 달라. [그림 1]에서 은지의 경기별 점수 변화의 폭이 상대적으로 적기 때문에 효철이보다 분산이 더 작지 않을까 생각해.

• 학생 A: 서로의 생각을 우선 존중하자. [그림 2]에 대한 생각은 어때?
• 학생 D: [그림 2]에서 효철이의 각 점수별 도수가 같으므로 은지보다 상대적으로 분산이 작을 거라 생각해.
• 학생 E: 나는 은지가 얻은 점수 분포가 3가지 밖에 없기 때문에 점수 분포가 5가지인 효철이보다 분산이 더 작을 것 같아.

• 교사는 순회지도를 통해 각 모둠별 질문에 답하거나 토론이 원활하게 이루어지도록 지도하며, 토론에 적극적으로 임하는 학생들에게는 칭찬과 격려를 보낸다.

• 전체 모둠에게 2분의 추가 시간을 제공하여 의견을 정리하도록 한다.

• 교사: 토론 결과를 발표할 모둠이 있나요?
• 학생 A: 저희 모둠에서 발표해보겠습니다.

• 교사: 그럼 학생 A가 속한 F 모둠의 의견을 들어보도록 하겠습니다.
• 학생 A: 먼저 효철이와 은지의 점수 평균은 3점입니다. [그림 1]에서는 은지의 점수가 효철이의 점수보다 평균 3점에 대한 가로선의 위아래로 변동이 적기 때문에 은지의 분산이 작다고 볼 수 있습니다.</td>
</tr>
</table>

전 개 계속 (15분)	**토론 학습지**	[그림 2]에서도 은지의 점수 분포가 효철이의 점수 분포보다 평균 3점을 중심으로 더 모여 있기 때문에 은지가 [illegible] 더 [illegible] 결론을 얻을 수 있었습니다. • 교사: [그림 1]과 [그림 2]에 제시된 자료의 분포 상태를 정확하게 설명하였습니다. • 교사는 오늘 배운 산포도, 편차, 분산, 표준편차의 정의와 계산 방법을 각 모둠별로 마인드맵을 활용하여 정리할 수 있도록 안내한다.
정 리	**과제제시**	<응시자 작성 부분 4> • 교사: 오늘 배운 내용을 바탕으로 모둠별로 해결할 과제를 제시하겠습니다. 서로 협력하며 문제를 풀고, 토의 과정에서 다양한 생각을 나눌 수 있도록 합니다. (과제) A중학교 3학년 B반 학생들의 제기차기 횟수를 조사하여 오른쪽 도수분포표에 나타낸 후, 분산과 표준편차를 구하시오. (단, 최대 24개까지만 찬다.) * 분산과 표준편차를 계산할 때는 계신기를 활용할 수 있도록 한다. • 교사: 다음 시간에는 도수분포표에서의 분산과 표준편차를 구하는 방법을 배울 예정입니다. 앞의 모둠별 과제를 해결하는 과정에서 어떻게 해결하면 좋을지 고민해 보시기 바랍니다. 그럼 수업을 마치도록 하겠습니다.

제기차기 횟수(개)	도수(명)
0이상 ~ 5미만	
5 ~ 10	
10 ~ 15	
15 ~ 20	
20 ~ 25	
합계	

4 고등학교 1학년 '명제' 단원

2015학년도 중등학교교사 임용후보자 선정경쟁시험 (제2차 시험)

수학 교수·학습 지도안 문제지

수험번호								

이 름	

기본적인 유의사항 (시험지 표지 내용)

1. 지도안 작성 시간: 9:00~10:00
2. 답안지의 줄은 편의상 그어둔 것으로 줄에 상관없이 답안지를 작성할 수 있다.
3. 틀린 부분은 두 줄을 긋는다. 수정액이나 수정 테이프를 사용한 부분은 무효처리 된다.
4. 답안지 부분에 본인의 이름이나 신분을 노출하는 표시를 하는 경우 답안지 전체가 무효가 된다.
5. 자를 사용할 수 있다.
6. 관리번호란은 빈칸으로 둔다.

지도안 작성 시 유의사항

1. 실제 수업 상황을 염두에 두고 구체적으로 지도안을 작성하여라.

2. <응시자 작성 부분 1> 부분은 '절대부등식의 의미'에 대한 수업 내용을 작성한다.
   (1) 선수학습의 조건을 이용하여 구체적인 예를 통해 도입한다.
   (2) [자료 1]의 예는 사용하지 않는다.

3. <응시자 작성 부분 2> 부분은 '절대부등식의 증명(1)'을 지도하는 부분을 작성한다.
   (1) [자료 2]의 문제(2)를 보이고 등호가 성립함에 유의한다.
   (2) [자료 1]의 성질을 이용한다.

4. <응시자 작성 부분 3> 부분은 '절대부등식의 증명(2)'를 지도하는 부분을 작성한다.
   (1) [자료 3]을 이용한다.
   (2) [자료 1]의 성질을 이용한다.

5. <응시자 작성 부분 4> 부분은 '[자료 3]의 기하적 증명'을 지도하는 부분을 작성한다.
   (1) [자료 4]를 이용한다.

---

1. 교사와 학생의 의사소통이 드러나도록 작성하여라.
2. 수업 상황은 칠판, 분필만 사용하는 판서 상황임을 고려하여라.
3. 고등학교 1학년 수준의 용어와 기호를 사용하여라.

2015학년도 중등학교교사 임용후보자 선정경쟁시험 (제2차 시험)

수학 교수·학습 지도안 문제지

수험번호									이　름	

[자료 1] 실수의 성질

a, b가 실수일 때,

① $a > b \Leftrightarrow a - b > 0$　　② $a^2 \geq 0$

③ $a^2 + b^2 \geq 0$　　④ $a > 0$, $b > 0$일 때 $a > b \Leftrightarrow a^2 > b^2$

[자료 2] 절대부등식 [수업실연 시 사용하지 않음]

a, b가 실수일 때,

(1) $a^2 + b^2 \geq 2ab$　　(2) $a^2 + b^2 \geq ab$

[자료 3] 절대부등식

$a > 0$, $b > 0$일 때, $\dfrac{a+b}{2} \geq \sqrt{ab}$

[자료 4] 절대부등식

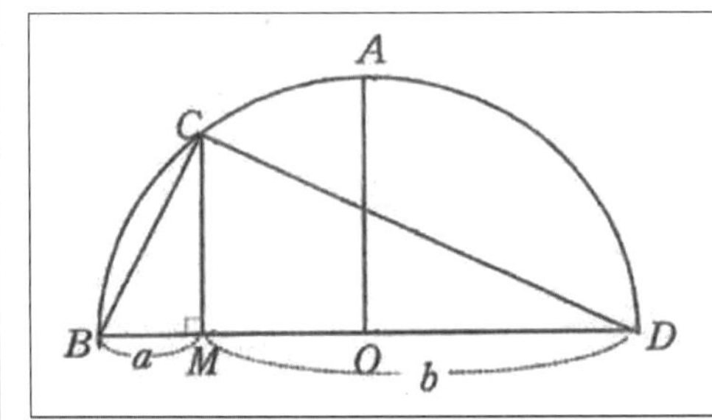

2015학년도 중등학교교사 임용후보자 선정경쟁시험 (제2차 시험)

수학 교수·학습 지도안 답안지

수험번호									이 름	

단 원	집합과 명제 / 명제 / 명제의 증명		차 시	
학습목표	• 절대부등식의 의미를 이해한다. • 간단한 절대부등식의 증명을 할 수 있다.			
학습단계	학습전개	교 수 · 학 습 과 정		시간
도 입	주의환기	• 인사 및 출석 확인		
	선수학습 확인	• 명제와 조건의 뜻을 확인한다.		
		• 교사 : 'x가 실수일 때, $x^2 > x$이다.'는 참인가요?		
		• 학생 : 거짓이에요. $0 \le x \le 1$일 때 성립하지 않아요.		
	학습목표	• 학습목표를 확인한다.		
전 개	절대 부등식의 의미	<응시자 작성 부분 1> • 교사: 위의 명제는 모든 실수에 대하여 항상 참이라고 말할 수 있나요? • 학생: 아니요. $0 \le x \le 1$일 때 성립하지 않기 때문에 특정 범위 내의 실숫값에 대해서만 참인 명제입니다. • 교사: 그렇다면 'x가 실수일 때, $x^2 > -1$이다.'는 참일까요? • 학생: 모든 실수의 제곱은 0 또는 양수이기 때문에 참입니다. • 교사: 이처럼 문자를 포함한 부등식에서 문자에 어떤 실수를 대입해도 항상 성립하는 부등식을 절대부등식이라 합니다.		5분
	절대 부등식의 증명(1)	• [자료 2]를 지도하는 교수-학습활동을 한다. • 교사 : 가정은 무엇인가요? • 학생 : a, b는 실수입니다. • 교사 : 결론은 무엇인가요? • 학생 : $a^2+b^2 \ge ab$입니다. <응시자 작성 부분 2> • 교사: 'a, b가 실수일 때 $a^2+b^2 \ge 2ab$'임을 증명하는 과정과 유사하게 'a, b가 실수일 때 $a^2+b^2 \ge ab$'임을 증명해봅시다. [자료 1]의 ①번 성질을 활용한다면 어떤 부등식이 성립함을 보이는 것과 같을까요? • 학생: '$a^2-ab+b^2 \ge 0$'임을 보이면 됩니다.		6분

<table>
<tr>
<td rowspan="3">전 개</td>
<td>절대
부등식의
증명(1)</td>
<td>• 교사: 그럼 완전제곱 꼴로 바꿔주면
$a^2-ab+b^2=(a^2-ab+\frac{b^2}{4})+\frac{3}{4}b^2=\left(a-\frac{b}{2}\right)^2+\frac{3}{4}b^2$이고,
[자료 1]의 ②번 성질에 의해 $\left(a-\frac{b}{2}\right)^2\ge 0,\ \frac{3}{4}b^2\ge 0$이며,
[자료 1]의 ③번 성질에 의해 $\left(a-\frac{b}{2}\right)^2+\frac{3}{4}b^2\ge 0$입니다.
또한 등호는 $a-\frac{b}{2}=0,\ \frac{3}{4}b^2=0$, 즉 $a=b=0$일 때 성립합니다.
따라서 'a, b가 실수일 때 $a^2+b^2\ge ab$'임을 알 수 있습니다.</td>
<td>6분</td>
</tr>
<tr>
<td>절대
부등식의
증명(2)</td>
<td>• [자료 3]을 지도하는 교수-학습활동을 한다.
<응시자 작성 부분 3>
• 교사: '$a>0, b>0$일 때 $\frac{a+b}{2}\ge\sqrt{ab}$'가 성립함을 확인해봅시다.
$\frac{a+b}{2}\ge\sqrt{ab}$가 성립함을 증명하는 것은 어떤 부등식이
성립함을 보이는 것과 같을까요?
• 학생: [자료 1]의 ①번 성질을 활용하면 $\frac{a+b}{2}-\sqrt{ab}\ge 0$을 보이는
것과 동일합니다.

• 교사: 좋습니다. 풀이를 이어가도록 하죠.
$\frac{a+b}{2}-\sqrt{ab}=\frac{(\sqrt{a})^2-2\sqrt{ab}+(\sqrt{b})^2}{2}=\frac{(\sqrt{a}-\sqrt{b})^2}{2}$이고,
[자료 1]의 ②번 성질에 의해 $\frac{(\sqrt{a}-\sqrt{b})^2}{2}\ge 0$이므로
$\frac{a+b}{2}-\sqrt{ab}\ge 0$입니다.
또한 등호는 $\sqrt{a}-\sqrt{b}=0$, 즉 $a=b$일 때 성립합니다.
따라서 '$a>0, b>0$일 때 $\frac{a+b}{2}\ge\sqrt{ab}$'임을 알 수 있습니다.

• 교사는 증명한 부등식을 다른 방법으로도 증명할 수 있음을
언급한다.</td>
<td>6분</td>
</tr>
<tr>
<td>절대
부등식의
기하적
증명</td>
<td>• [자료 4]의 그림을 제시한다.
<응시자 작성 부분 4>
• 교사: 오른쪽 그림을 활용하여
'$a>0, b>0$일 때 $\frac{a+b}{2}\ge\sqrt{ab}$'가
성립함을 보이기 위해 기하적 증명을
이용하려고 합니다. $\overline{OA}$와 $\overline{CM}$을
어떻게 구할 수 있을까요?</td>
<td>9분</td>
</tr>
</table>

전 개	절대 부등식의 기하적 증명	• 학생: $\overline{OA}$ 는 원의 반지름이므로 $\overline{OA}=\frac{a+b}{2}$ 입니다. 삼각형 DCM과 삼각형 CBM은 직각삼각형이고 서로 닮음 이므로 $\overline{CM}:\overline{MD}=\overline{BM}:\overline{MC}$가 성립합니다. 이로부터 $\overline{CM}^2=\overline{MD}\times\overline{BM}$, 즉 $\overline{CM}^2=ab$이고 $\overline{CM}>0$이므로 $\overline{CM}=\sqrt{ab}$ 입니다. 따라서 주어진 그림을 통해 $\overline{CM}\le\overline{AO}$ 임을 알 수 있으므로 $\frac{a+b}{2}\ge\sqrt{ab}$가 성립합니다. 또한 등호는 점 C가 점 A에 위치할 때, 즉 $\overline{CM}=\overline{AO}$ 인 경우이므로 $\frac{a+b}{2}=\sqrt{ab}$를 만족하는 $a=b$일 때 성립함을 알 수 있습니다.	9분
정 리	내용정리	• 이번 차시에 학습한 내용을 정리한다.	
	형성평가	• 형성평가를 풀어보게 한다. • 답을 맞춰보고 피드백 한다. • 형성평가 문제 해결 정도에 따른 과제를 제시한다.	
	차시예고	• 다음 차시를 예고한다.	
	인사	• 인사하고 마친다.	

Ⅶ

학년별 연습 문제

1. 중학교 1학년 '줄기와 잎 그림' 단원
2. 중학교 1학년 '정수와 유리수의 덧셈과 뺄셈' 단원
3. 중학교 1학년 '순서쌍과 좌표' 단원
4. 중학교 2학년 '연립일차방정식의 풀이' 단원
5. 중학교 2학년 '일차함수 그래프의 성질' 단원
6. 중학교 3학년 '무리수와 실수' 단원
7. 중학교 3학년 '삼각비' 단원
8. 고등학교 1학년 '직선의 방정식' 단원

1 중학교 1학년 '줄기와 잎 그림' 단원

20■■학년도 중등학교교사 임용후보자 선정경쟁시험 (제2차 시험)

수학 교수·학습 지도안 문제지

수험번호								

이　름	

1. 주제 : 줄기와 잎 그림

2. 단원

중학교 1학년　Ⅶ. 통계　1. 자료의 정리와 해석

3. 단원의 지도 계통

학습한 내용	
초등학교 3~4학년군	- 막대그래프 - 꺾은선 그래프
초등학교 5~6학년군	- 그림그래프 - 띠그래프 - 원그래프

⇨

본 단원의 내용		차시
Ⅶ. 통계	1. 자료의 정리와 해석	
	01. 줄기와 잎 그림, 도수분포표	
	02. 히스토그램과 도수분포다각형	
	03. 상대도수	
	04. 통계적 문제 해결	

4. 지도안 작성 시 유의사항

1. 실제 수업 상황을 염두에 두고 구체적으로 지도안을 작성한다.
2. 도입 단계로서 <응시자 작성 부분 1>은 '동기유발'에 대한 수업 내용을 작성한다.
3. 전개 단계로서 <응시자 작성 부분 2>는 [자료 1]을 사용하여 '줄기와 잎 그림을 그리는 순서'를 지도하는 내용을 작성한다.
4. 전개 단계로서 <응시자 작성 부분 3>은 [자료 2~3]을 사용하며 '자료 해석하기'를 지도하는 부분을 작성한다. 이때 자료를 줄기와 잎 그림으로 나타냈을 때의 장점에 관한 내용을 포함한다.
5. 전개 단계에서 교사와 학생들과의 의사소통이 구체적으로 드러나도록 한다.

5. 수업 상황

수업 장소	교실	수업 자료	칠판, 분필

20■■학년도 중등학교교사 임용후보자 선정경쟁시험 (제2차 시험)

수학 교수·학습 지도안 문제지

수험번호									이 름	

[자료 1]

* A 동네 마을 어른들의 나이를 조사한 자료이다.

(단위: 세)

61	56	43	39	51	62	33	58	30	41	34
73	42	37	46	38	44	53	52	49	72	69

(3 | 2는 32회)

줄기	잎
3	0 3 4 7 8 9
4	1 2 3 4 6 9
5	1 2 3 6 8
6	1 2 9
7	2 3

[자료 2]

* 1학년 3반 학생들이 1년 동안 관람한 영화의 수를 조사하여 만든 자료이다.

(단위: 편)

8	11	25	9	14	15	41	17	24	21
38	35	10	28	23	36	18	13	42	17

이를 줄기와 잎 그림으로 나타내어라.

[자료 3]

* 1학년 4반 학생들의 50m 달리기 기록을 측정하여 줄기와 잎 그림으로 나타낸 것이다.

(6 | 3은 6.3초)

줄기	잎
6	3 5 8 8
7	0 2 5 7 7 9
8	1 2 2 3 5 6 8 8 9
9	0 1 2 4 6 7

(1) 1학년 4반 학생은 모두 몇 명인가?

(2) 기록이 8.5초 이하인 학생 수를 구하시오.

(3) 위의 줄기와 잎 그림에서 알 수 있는 분포의 특징을 말하시오.

20■■학년도 중등학교교사 임용후보자 선정경쟁시험 (제2차 시험)

수학 교수·학습 지도안 답안지

수험번호									이 름	

단 원	Ⅶ. 통계 1. 자료의 정리와 해석 01. 줄기와 잎 그림, 도수분포표	차 시	
학습목표	• 줄기와 잎 그림을 이해하고, 해석할 수 있다.		

학습단계	학습전개	교 수 · 학 습 과 정
도 입	주의환기	• 인사 및 출석 확인
	선수학습	• 실생활 자료를 수집하고 분류하며 정리하는 활동의 유용성을 확인한다. • 표나 그래프를 활용하여 자료의 특성을 파악하는 방법의 장점을 생각해본다.
	동기유발	<응시자 작성 부분 1>
	학습목표	• 학습목표를 확인한다.
전 개	줄기와 잎 그림을 그리는 순서	<응시자 작성 부분 2>

20■■학년도 중등학교교사 임용후보자 선정경쟁시험 (제2차 시험)

수학 교수·학습 지도안 답안지

수험번호									이 름	

전 개	내용 정리	• 교사는 다음 내용을 정리한다. **줄기와 잎 그림을 그리는 순서** 1) 줄기와 잎을 정한다. 2) 세로 선을 긋고, 세로 선의 왼쪽에 줄기의 숫자를 쓴다. 3) 세로 선의 오른쪽에 잎의 숫자를 크기가 작은 것부터 순서대로 가로로 쓴다. 4) □ ǀ △를 설명한다. 5) 줄기와 잎 그림에 알맞은 제목을 붙인다.
	자료 해석하기	<응시자 작성 부분 3>
정 리	형성평가	• 형성평가를 풀어보도록 한다. • 답을 확인하며 피드백한다.
	차시예고	• 다음 차시를 예고한다.
	인사	• 인사를 하고 마친다.

2 중학교 1학년 '정수와 유리수의 덧셈과 뺄셈' 단원

20■■학년도 중등학교교사 임용후보자 선정경쟁시험 (제2차 시험)

수학 교수·학습 지도안 문제지

수험번호								

이　름	

1. 주제 : 정수와 유리수의 덧셈과 뺄셈

2. 단원

중학교 1학년　　Ⅰ. 수와 연산　　2. 정수와 유리수

3. 단원의 지도 계통

학습한 내용	
초등학교 3~4학년군	- 자연수
초등학교 5~6학년군	- 약수와 배수 - 최대공약수와 최소공배수 - 분수의 사칙계산

⇨

본 단원의 내용		차시
Ⅰ. 수와 연산	2. 정수와 유리수	
	01. 정수와 유리수	
	02. 수의 대소 관계	
	03. 정수와 유리수의 덧셈과 뺄셈	
	04. 정수와 유리수의 곱셈과 나눗셈	

4. 지도안 작성 시 유의사항

1. 실제 수업 상황을 염두에 두고 구체적으로 지도안을 작성하며, 교사의 적절한 발문을 포함한다.
2. <응시자 작성 부분 1>은 [자료 1]과 수직선을 이용하여 동기를 유발하는 내용을 작성한다.
3. <응시자 작성 부분 2>는 [자료 2]를 이용하여 정수의 덧셈에 대해 지도하는 내용을 작성한다.
   단, 유리수의 덧셈의 원리에 대한 지도 내용도 포함한다.
4. <응시자 작성 부분 3>은 [자료 3]을 이용하여 작성한다.
   단, 학생의 오개념을 수정하는 내용을 포함한다.
5. 모든 교수·학습 단계에서 교사와 학생들과의 의사소통이 구체적으로 드러나도록 한다.

5. 수업 상황

대상	수업시간	교육 기자재	평가
25명	**90분**	**칠판, 분필, 바둑돌**	**관찰평가**

20■■학년도 중등학교교사 임용후보자 선정경쟁시험 (제2차 시험)

수학 교수·학습 지도안 문제지

수험번호									이 름	

[자료 1]

*** 0을 나타내는 점에 위치한 깃발을 아래와 같이 이동시킬 때, 깃발이 도착한 지점을 나타내는 수를 말해보자.**

1) 오른쪽으로 3칸을 이동한 뒤, 다시 오른쪽으로 2칸을 이동했다.
2) 왼쪽으로 4칸을 이동한 뒤, 다시 왼쪽으로 1칸을 이동했다.
3) 오른쪽으로 2칸을 이동한 뒤, 왼쪽으로 3칸을 이동했다.
4) 왼쪽으로 3칸을 이동한 뒤, 오른쪽으로 1칸을 이동했다.

[자료 2]

*** 흰 바둑돌과 검은 바둑돌이 있다.**

1) 흰 바둑돌은 양의 정수를 나타낸다.
2) 검은 바둑돌은 음의 정수를 나타낸다.
3) 흰 바둑돌 1개는 +1, 2개는 +2, …를 나타낸다.
4) 검은 바둑돌 1개는 -1, 2개는 -2, …를 나타낸다.
5) 흰 바둑돌과 검은 바둑돌은 각각 같은 개수만큼 있으면 0을 나타낸다.

[자료 3]

(예제) 다음을 계산하시오.

1) $(+3)+(-3)$

2) $(-4)+0$

3) $(-0.3)+(+0.5)$

4) $\left(+\frac{7}{3}\right)+\left(-\frac{3}{2}\right)$

20■■학년도 중등학교교사 임용후보자 선정경쟁시험 (제2차 시험)

수학 교수·학습 지도안 답안지

수험번호									이 름	

단 원	Ⅰ. 수와 연산 2. 정수와 유리수 03. 정수와 유리수의 덧셈과 뺄셈		차 시	
학습목표	• 정수와 유리수의 덧셈, 뺄셈의 원리를 이해하고, 그 계산을 할 수 있다.			
학습단계	**학습전개**	**교 수 · 학 습 과 정**		
도 입	주의환기	• 인사 및 출석 확인		
	선수학습	• 수직선 위에 나타낸 수의 대소 관계를 비교해본다. • 절댓값이 주어진 두 수의 대소 관계를 비교할 수 있는지 확인한다.		
	동기유발	<응시자 작성 부분 1>		
	학습목표	• 학습목표를 확인한다.		
전 개	셈돌 모형을 활용한 정수의 덧셈 지도	<응시자 작성 부분 2>		

20■■학년도 중등학교교사 임용후보자 선정경쟁시험 (제2차 시험)

수학 교수·학습 지도안 답안지

수험번호									이　　름	

전　개	셈돌 모형을 활용한 정수의 덧셈 지도	
	내용 정리	• 교사는 다음 내용을 정리한다. **유리수의 덧셈** 1) 부호가 같은 두 수의 덧셈은 두 수의 절댓값의 합에 공통인 부호를 붙여서 계산한다. 2) 부호가 다른 두 수의 덧셈은 두 수의 절댓값의 차에 절댓값이 큰 수의 부호를 붙여서 계산한다.
	문제풀이 및 발표	<응시자 작성 부분 3>
정　리	형성평가	• 형성평가를 풀어보도록 한다. • 답을 확인하며 피드백한다.
	차시예고	• 다음 차시를 예고한다.
	인사	• 인사를 하고 마친다.

중학교 1학년 '순서쌍과 좌표' 단원

20■■학년도 중등학교교사 임용후보자 선정경쟁시험 (제2차 시험)

수학 교수·학습 지도안 문제지

수험번호								

이　름	

1. 주제 : 순서쌍과 좌표

2. 단원

중학교 1학년　Ⅲ. 그래프와 비례　1. 좌표평면과 그래프

3. 단원의 지도 계통

학습한 내용	
초등학교 3~4학년군	- 막대그래프와 꺾은선 그래프
초등학교 5~6학년군	- 규칙과 대응
중학교 1학년	- 문자의 사용

⇨

본 단원의 내용		차시
Ⅲ. 그래프와 비례	1. 좌표평면과 그래프	
	01. 순서쌍과 좌표	
	02. 그래프	
	2. 정비례와 반비례	
	01. 정비례	
	02. 반비례	

4. 지도안 작성 시 유의사항

1. 실제 수업 상황을 염두에 두고 구체적으로 지도안을 작성한다.
2. 도입 단계로서 <응시자 작성 부분 1>은 [자료 1]을 사용하여 '동기유발'에 대한 수업 내용을 작성한다.
3. <응시자 작성 부분 2>는 [자료 2]를 이용하여 좌표평면 위의 점의 좌표에 대해 지도하는 내용을 작성한다. 단, 순서쌍, x축, y축, 좌표축, 좌표평면, 원점, 좌표, x좌표, y좌표에 대한 내용을 포함한다.
4. <응시자 작성 부분 3>은 [자료 3]을 이용하여 작성한다. 단, (a, b)와 (b, a)를 좌표평면 위에 나타내어 보는 활동을 하면서 두 점이 서로 다른 점을 나타냄을 알게 한다는 유의 사항을 포함한다.
5. 전개 단계에서 교사와 학생들과의 의사소통이 구체적으로 드러나도록 한다.

5. 수업 상황

대상	수업시간	교육 기자재	평가
24명	**90분**	**칠판, 분필**	**관찰평가**

20■■학년도 중등학교교사 임용후보자 선정경쟁시험 (제2차 시험)

수학 교수·학습 지도안 문제지

수험번호									이 름	

[자료 1]

＊ 공원, 도서관, 집, 학교가 왼쪽부터 순서대로 일직선상에 있다. 집의 위치를 0이라고 하자.

학교의 위치는 집을 기준으로 오른쪽으로 2km, 도서관의 위치는 집을 기준으로 왼쪽으로 2km, 공원의 위치는 도서관을 기준으로 왼쪽으로 1km이다.

[자료 2]

＊ 어느 교실의 좌석 배치도이나. 좌석의 위치를 가로 및 세로 방향으로 각각 1, 2, 3, 4, 5라고 둔다.

5			학생 D		
4					학생 C
3				학생 B	
2		학생 A			
1					
	1	2	3	4	5

1) 학생 A의 좌석의 위치는 가로 방향으로 몇 번째 줄에 위치하고 있는가?
2) 학생 B의 좌석의 위치는 세로 방향으로 몇 번째 줄에 위치하고 있는가?
3) 가로 방향으로 4번째 줄이면서 동시에 세로 방향으로 5번째 줄에 앉는 사람은 누구인가?
4) 학생 D의 좌석의 위치를 '(가로 방향의 수, 세로 방향의 수)'로 나타내면?

[자료 3]

＊ 오른쪽 좌표평면에 대한 다음의 물음에 답하시오.

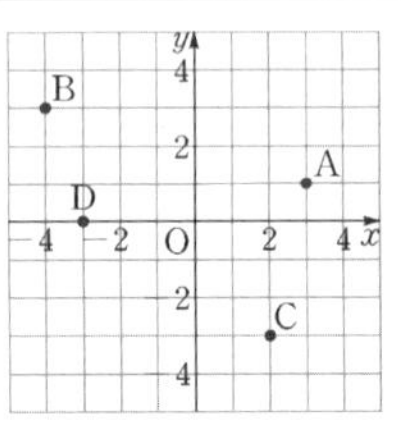

1) 네 점 A, B, C, D의 좌표를 각각 기호로 나타내면?
2) x좌표는 음수이고, y좌표는 양수인 점은?
3) y좌표가 0인 점은?
4) 두 점 E(0, -3), F(-1, -4)를 좌표평면 위에 나타내면?

20■■학년도 중등학교교사 임용후보자 선정경쟁시험 (제2차 시험)

수학 교수·학습 지도안 답안지

수험번호									이　름	

단　원	Ⅲ. 그래프와 비례프　1. 좌표평면과 그래프　01. 순서쌍과 좌표		차　시	
학습목표	• 순서쌍과 좌표를 이해한다.			
학습단계	학습전개	교 수 · 학 습 과 정		
도　입	주의환기	• 인사 및 출석 확인		
	선수학습	• 수직선 위에 수를 나타낼 수 있는지 확인한다. • 기호를 사용하여 수직선 위의 수를 표현하는 방법을 생각해본다.		
	동기유발	<응시자 작성 부분 1>		
	학습목표	• 학습목표를 확인한다.		
전　개	내용 설명	• 교사는 다음 내용을 설명한다. **수직선 위의 점의 좌표** 수직선 위의 점이 나타내는 수를 그 점의 좌표라 하고, 점 P의 좌표가 a일 때 이것을 기호로 P(a)와 같이 나타낸다. 특히 좌표가 O인 점을 원점이라 하고 O로 나타낸다. 즉 O(0)이다.		
	좌표평면 위의 점의 좌표	<응시자 작성 부분 2>		

20■■학년도 중등학교교사 임용후보자 선정경쟁시험 (제2차 시험)

수학 교수·학습 지도안 답안지

수험번호									이 름	

전 개	좌표평면 위의 점의 좌표	
	문제풀이 및 발표	<응시자 작성 부분 3>
정 리	형성평가	• 형성평가를 풀어보도록 한다. • 답을 확인하며 피드백한다.
	차시예고	• 다음 차시를 예고한다.
	인사	• 인사를 하고 마친다.

중학교 2학년 '연립일차방정식의 풀이' 단원

20■■학년도 중등학교교사 임용후보자 선정경쟁시험 (제2차 시험)

수학 교수·학습 지도안 문제지

수험번호								

이 름	

1. 주제 : 연립일차방정식의 풀이

2. 단원

중학교 2학년	Ⅲ. 부등식과 방정식	2. 연립일차방정식

3. 단원의 지도 계통

학습한 내용	
초등학교 5~6학년군	- 수의 범위
중학교 1학년	- 정수와 유리수 - 문자의 사용 - 일차방정식

⇨

본 단원의 내용		차시
Ⅲ. 부등식과 방정식	1. 연립일차방정식	
	01. 부등식	
	02. 일차부등식	
	2. 연립일차방정식	
	01. 연립일차방정식	
	02. 연립방정식의 풀이	

4. 지도안 작성 시 유의사항

1. 실제 수업 상황을 염두에 두고 구체적으로 지도안을 작성한다.
2. 도입 단계로서 <응시자 작성 부분 1>은 [자료 1]을 사용하여 '동기유발'에 대한 수업 내용을 작성한다.
3. <응시자 작성 부분 2>는 [자료 2]를 이용하여 연립방정식을 활용한 실생활 문제해결 과정을 작성한다.
   단, 구한 해가 문제의 뜻에 맞는지 확인하는 과정을 반드시 포함한다.
4. <응시자 작성 부분 3>은 [자료 3]을 이용하여 모둠활동으로 문제를 해결하는 과정을 작성한다.
   단, 교사와 학생, 학생과 학생 사이의 구체적인 의사소통 과정을 포함한다.
5. 전개 단계에서 교사와 학생들과의 의사소통이 구체적으로 드러나도록 한다.

5. 수업 상황

대상	수업시간	교육 기자재	평가
28명	**90분**	**칠판, 분필**	**관찰평가**

20■■학년도 중등학교교사 임용후보자 선정경쟁시험 (제2차 시험)

수학 교수·학습 지도안 문제지

수험번호									이 름	

[자료 1]

* 학생 A는 생수 3병과 주스 2병을 사고 2800원을 지불했고,
  학생 B는 생수 1병과 주스 2병을 사고 2000원을 지불했다.

[자료 2]

* 레저스포츠 동아리 회원 29명이 3명씩 또는 4명씩 9대의 바나나 보트에 나누어 타려고 한다. 이때 3명씩 탄 보트와 4명씩 탄 보트는 각각 몇 대씩인지 구하시오.

[자료 3]

* 학생 A와 학생 B의 대화에서 밑줄 그은 부분의 수를 변경하여 미지수가 2개인 연립방정식을 활용한 문제를 만들고 풀어보자.

- 학생 A: 떡볶이 **3인분**과 튀김 **2인분**을 주문했더니 **16,000원**이 나왔어.
- 학생 B: 떡볶이 **4인분**과 튀김 **1인분**을 주문했더니 **15,500원**이 나왔어.

20■■학년도 중등학교교사 임용후보자 선정경쟁시험 (제2차 시험)

수학 교수·학습 지도안 답안지

수험번호									이 름	

<table>
<tr><td>단 원</td><td colspan="2">Ⅲ. 부등식과 방정식 2. 연립일차방정식 02. 연립일차방정식의 풀이</td><td>차 시</td><td></td></tr>
<tr><td>학습목표</td><td colspan="4">• 미지수가 2개인 연립일차방정식을 풀 수 있고, 이를 활용하여 문제를 해결할 수 있다.</td></tr>
<tr><td>학습단계</td><td>학습전개</td><td colspan="3">교 수 · 학 습 과 정</td></tr>
<tr><td rowspan="4">도 입</td><td>주의환기</td><td colspan="3">• 인사 및 출석 확인</td></tr>
<tr><td>선수학습</td><td colspan="3">• 연립방정식의 풀이에서 대입법과 가감법의 장단점을 비교해본다.
• 계수가 소수나 분수인 경우에 연립방정식을 푸는 방법을 확인한다.</td></tr>
<tr><td>동기유발</td><td colspan="3"><응시자 작성 부분 1></td></tr>
<tr><td>학습목표</td><td colspan="3">• 학습목표를 확인한다.</td></tr>
<tr><td rowspan="2">전 개</td><td>내용 설명</td><td colspan="3">• 교사는 다음 내용을 설명한다.
연립방정식을 활용하여 문제를 해결하는 순서
1) 구하려고 하는 것을 미지수 x, y로 놓는다.
2) 수량 사이의 관계를 파악하여 연립방정식을 만든다.
3) 연립방정식의 해를 구한다.
4) 구한 해가 문제의 뜻에 맞는지 확인한다.</td></tr>
<tr><td>연립 일차 방정식의 풀이</td><td colspan="3"><응시자 작성 부분 2></td></tr>
</table>

20■■학년도 중등학교교사 임용후보자 선정경쟁시험 (제2차 시험)

수학 교수·학습 지도안 답안지

수험번호									이 름	

전 개	연립 일차 방정식의 풀이	
	연립 일차 방정식의 활용 문제 만들기	<응시자 작성 부분 3>
정 리	형성평가	• 형성평가를 풀어보도록 한다. • 답을 확인하며 피드백한다.
	차시예고	• 다음 차시를 예고한다.
	인사	• 인사를 하고 마친다.

5 중학교 2학년 '일차함수 그래프의 성질' 단원

20■■학년도 중등학교교사 임용후보자 선정경쟁시험 (제2차 시험)

수학 교수·학습 지도안 문제지

수험번호								

이 름	

1. 주제 : 일차함수 그래프의 성질

2. 단원

중학교 2학년	Ⅳ. 함수	1. 일차함수와 그래프

3. 단원의 지도 계통

학습한 내용	
초등학교 5~6학년군	- 규칙과 대응
중학교 1학년	- 그래프 - 정비례와 반비례
중학교 2학년	- 미지수가 2개인 일차방정식 - 연립일차방정식

⇨

본 단원의 내용		차시
Ⅳ. 함수	1. 일차함수와 그래프	
	01. 함수	
	02. 일차함수와 그 그래프	
	03. 일차함수의 그래프의 성질	

4. 지도안 작성 시 유의사항

1. 실제 수업 상황을 염두에 두고 구체적으로 지도안을 작성한다.
2. 도입 단계로서 <응시자 작성 부분 1>은 [자료 1]을 사용하여 '동기유발'에 대한 수업 내용을 작성한다.
3. <응시자 작성 부분 2>는 [자료 2]를 이용하며, 일차함수의 그래프의 성질을 적용하여 문제를 해결하는 과정을 작성한다. 단, 오개념을 바로잡는 과정을 포함한다.
4. <응시자 작성 부분 3>은 [자료 3]을 이용하여 모둠활동으로 문제를 해결하는 과정을 작성한다. 단, 교사와 학생, 학생과 학생 사이의 구체적인 의사소통 과정을 포함한다.
5. 전개 단계에서 교사와 학생들과의 의사소통이 구체적으로 드러나도록 한다.

5. 수업 상황

대상	수업시간	교육 기자재	평가
28명 (4인 1조)	90분	칠판, 분필, 컴퓨터 프로그램	관찰평가

20■■학년도 중등학교교사 임용후보자 선정경쟁시험 (제2차 시험)

수학 교수·학습 지도안 문제지

수험번호								

이 름	

[자료 1]

* 오른쪽의 그래프는 컴퓨터 프로그램을 활용하여 일차함수의 그래프 4개를 그린 것이다.

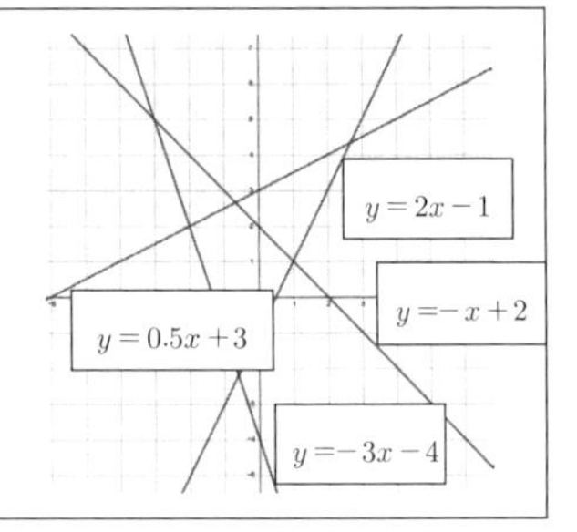

[자료 2]

* 일차함수 y=ax+b의 그래프에 대한 다음 물음에 답하시오.

1) a>0인 것을 모두 고르면?

2) x의 값이 증가할 때 y의 값이 감소하는 것을 모두 고르면?

3) y절편이 서로 같은 것은?

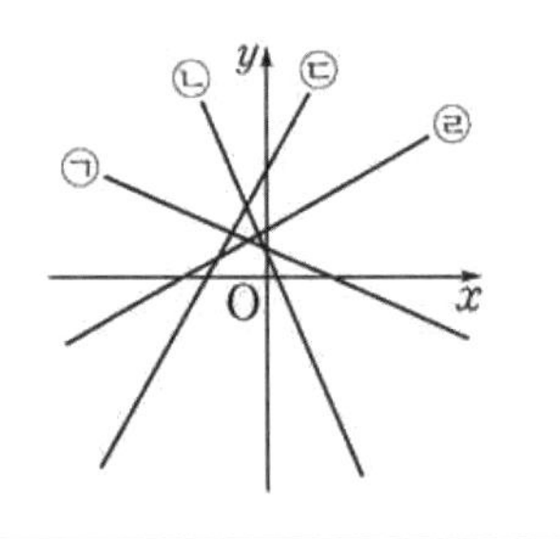

[자료 3]

* 다음 규칙에 따라 이동했을 때 도착하게 되는 곳을 여행 이동 수단으로 정하려고 한다.
일차함수 y=2x+3의 그래프에 대한 설명으로 옳으면 '(예)'를 따라 이동하고, 옳지 않으면 '(아니오)'를 따라 이동한다.

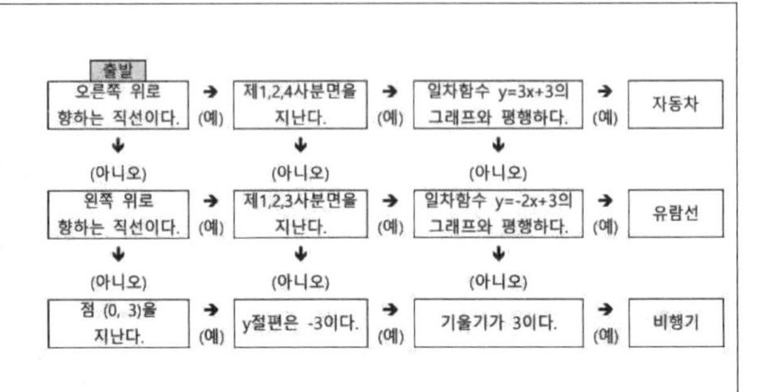

20■■학년도 중등학교교사 임용후보자 선정경쟁시험 (제2차 시험)

수학 교수·학습 지도안 답안지

수험번호								

이 름	

단 원	IV. 함수 1. 일차함수와 그래프 03. 일차함수의 그래프의 성질	차 시	
학습목표	• 일차함수 그래프의 성질을 이해하고, 이를 활용하여 문제를 해결할 수 있다.		

학습단계	학습전개	교 수 · 학 습 과 정
도 입	주의환기	• 인사 및 출석 확인
	선수학습	• 일차함수 그래프의 기울기를 x, y 값의 증가량 개념으로 설명해본다. • 기울기와 y절편을 이용하여 일차함수의 그래프를 그릴 수 있는지 확인한다.
	동기유발	<응시자 작성 부분 1>
	학습목표	• 학습목표를 확인한다.
전 개	일차 함수의 그래프의 성질 적용하기	<응시자 작성 부분 2>

20■■학년도 중등학교교사 임용후보자 선정경쟁시험 (제2차 시험)

수학 교수·학습 지도안 답안지

수험번호									이 름	

<table>
<tr><td rowspan="2">전 개</td><td>내용 설명</td><td>• 교사는 다음 내용을 정리한다.

1. 일차함수 y=ax+b의 그래프
1) a>0이면 오른쪽 위로 향하는 직선이다.
2) a<0이면 오른쪽 아래로 향하는 직선이다.

2. 일차함수의 그래프의 기울기와 평행
1) 기울기가 같은 두 일차함수의 그래프는 서로 평행하거나 일치한다.
2) 서로 평행한 두 일차함수의 그래프의 기울기는 같다.</td></tr>
<tr><td>일차 함수의 그래프의 성질 적용하기</td><td><응시자 작성 부분 3></td></tr>
<tr><td rowspan="3">정 리</td><td>형성평가</td><td>• 형성평가를 풀어보도록 한다.
• 답을 확인하며 피드백한다.</td></tr>
<tr><td>차시예고</td><td>• 다음 차시를 예고한다.</td></tr>
<tr><td>인사</td><td>• 인사를 하고 마친다.</td></tr>
</table>

중학교 3학년 '무리수와 실수' 단원

20■■학년도 중등학교교사 임용후보자 선정경쟁시험 (제2차 시험)

수학 교수·학습 지도안 문제지

수험번호								

이　　름	

1. 주제 : 무리수와 실수

2. 단원

중학교 3학년	Ⅰ. 제곱근과 실수	1. 제곱근과 실수

3. 단원의 지도 계통

학습한 내용	
중학교 1학년	- 정수와 유리수 - 문자와 식
중학교 2학년	- 유리수와 소수 - 식의 계산

⇨

본 단원의 내용		차시
Ⅰ. 제곱근과 실수	1. 제곱근과 실수	
	01. 제곱근	
	02. 무리수와 실수	
	03. 실수의 대소 관계	

4. 지도안 작성 시 유의사항

1. 실제 수업 상황을 염두에 두고 구체적으로 지도안을 작성한다.
2. 도입 단계로서 <응시자 작성 부분 1>은 [자료 1]을 사용하여 '동기유발'에 대한 수업 내용을 작성한다.
3. <응시자 작성 부분 2>는 [자료 2]를 이용하여 $\sqrt{2}$를 소수로 나타낼 수 있음을 확인하는 과정을 작성한다. 단, 계산기를 사용하며, 학생들이 직관적으로 알게 하는 과정을 포함한다.
4. <응시자 작성 부분 3>은 [자료 3]을 이용하여 모둠활동으로 문제를 해결하는 과정을 작성한다. 단, 교사와 학생, 학생과 학생 사이의 구체적인 의사소통 과정을 포함한다.
5. 전개 단계에서 교사와 학생들과의 의사소통이 구체적으로 드러나도록 한다.

5. 수업 상황

대상	수업시간	교육 기자재	평가
24명 (4인 1조)	**90분**	**칠판, 분필, 계산기**	**관찰평가**

20■■학년도 중등학교교사 임용후보자 선정경쟁시험 (제2차 시험)

수학 교수·학습 지도안 문제지

수험번호									이 름	

[자료 1]

*** 한 변의 길이가 1인 정사각형 ABCD의 대각선의 길이를 알아보려고 한다.**

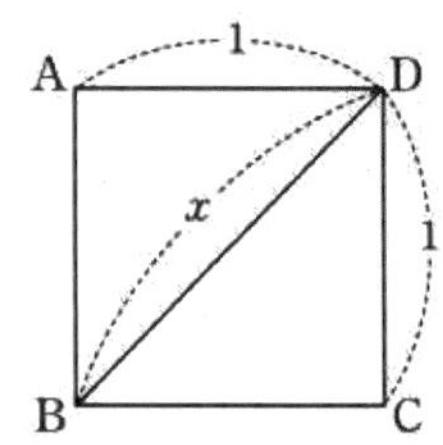

[자료 2]

*** 제곱근의 대소 관계를 이용하여 $\sqrt{2}$를 소수로 나타내 보자.**

1) $1 < 2 < 4$
2) $1.4^2 = 1.96$, $1.5^2 = 2.25$
3) $1.41^2 = 1.9881$, $1.42^2 = 2.0164$
4) $1.414^2 = 1.999396$, $1.415^2 = 2.002225$
5) 같은 방법으로 계속하여 $\sqrt{2}$를 소수로 나타내면 $\sqrt{2} = 1.41421356237309504880\cdots$

[자료 3]

*** 복사기에 많이 사용되는 A4 용지는 A0 용지를 반으로 자르는 과정을 네 번 반복하여 만든 것으로 A0, A1, A2, A3, A4 용지는 서로 닮은 도형이다. 이것은 종이를 반으로 잘라도 그 모양이 같아지도록 하여 종이의 낭비가 없게 만든 것이다. 실제 닮음비를 이용하여 A 시리즈 용지의 짧은 변의 길이와 긴 변의 길이의 비를 구해보면 $1 : \sqrt{2}$로 일정하다.**
이와 같이 우리 주변에서 무리수가 적용되는 예를 찾아보자.

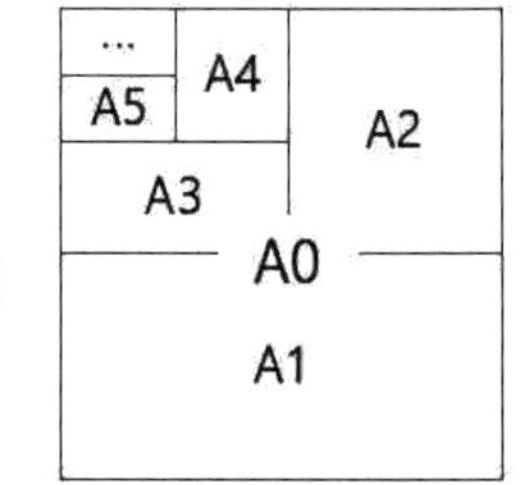

20■■학년도 중등학교교사 임용후보자 선정경쟁시험 (제2차 시험)

수학 교수·학습 지도안 답안지

수험번호								

이　름	

단　원	Ⅰ. 제곱근과 실수　1. 제곱근과 실수　02. 무리수와 실수	차　시	
학습목표	• 무리수의 개념을 이해한다.		

학습단계	학습전개	교수 · 학습 과정
도　입	주의환기	• 인사 및 출석 확인
	선수학습	• 정사각형의 넓이와 한 변의 길이 사이의 관계를 생각해본다. • 제곱근의 대소 관계를 이용하여 두 수의 대소를 비교해본다.
	동기유발	<응시자 작성 부분 1>
	학습목표	• 학습목표를 확인한다.
전　개	$\sqrt{2}$를 소수로 나타내기	<응시자 작성 부분 2>

20■■학년도 중등학교교사 임용후보자 선정경쟁시험 (제2차 시험)

수학 교수·학습 지도안 답안지

수험번호									이 름	

<table>
<tr><td rowspan="2">전 개</td><td>내용 설명</td><td>• 교사는 다음 내용을 정리한다.
실수
- 유리수
  - 정수
    - 양의 정수(자연수)
    - 0
    - 음의 정수
  - 정수가 아닌 유리수
- 무리수</td></tr>
<tr><td>일상 생활에서 무리수가 적용되는 사례 찾기</td><td><응시자 작성 부분 3></td></tr>
<tr><td rowspan="3">정 리</td><td>형성평가</td><td>• 형성평가를 풀어보도록 한다.
• 답을 확인하며 피드백한다.</td></tr>
<tr><td>차시예고</td><td>• 다음 차시를 예고한다.</td></tr>
<tr><td>인사</td><td>• 인사를 하고 마친다.</td></tr>
</table>

7 중학교 3학년 '삼각비' 단원

20■■학년도 중등학교교사 임용후보자 선정경쟁시험 (제2차 시험)

수학 교수·학습 지도안 문제지

수험번호								

이 름	

1. 주제 : 삼각비

2. 단원

중학교 3학년 V. 삼각비 1. 삼각비

3. 단원의 지도 계통

학습한 내용	
중학교 2학년	- 삼각형의 닮음 조건 - 피타고라스 정리

⇨

본 단원의 내용		차시
V. 삼각비	1. 삼각비	
	01. 삼각비	
	02. 삼각비의 값	

4. 지도안 작성 시 유의사항

1. 실제 수업 상황을 염두에 두고 구체적으로 지도안을 작성한다.
2. 도입 단계로서 <응시자 작성 부분 1>은 [자료 1]을 사용하여 '동기유발'에 대한 수업 내용을 작성한다.
3. <응시자 작성 부분 2>는 [자료 2]를 이용하여 삼각비의 값을 구하는 과정을 작성한다.
4. <응시자 작성 부분 3>은 [자료 3]을 이용하여 모둠활동으로 문제를 해결하는 과정을 작성한다.
   단, 오개념을 수정하는 과정에서의 교사와 학생, 학생과 학생 사이의 구체적인 의사소통 과정을 포함한다.
5. 전개 단계에서 교사와 학생들과의 의사소통이 구체적으로 드러나도록 한다.

5. 수업 상황

대상	수업시간	교육 기자재	평가
28명 (4인 1조)	**90분**	**칠판, 분필, 컴퓨터 프로그램**	**관찰평가**

20■■학년도 중등학교교사 임용후보자 선정경쟁시험 (제2차 시험)

수학 교수·학습 지도안 문제지

수험번호								

이 름	

[자료 1]

* 세 직각삼각형 ABC, ADE, AFG가 있다.
(단, $\angle ACB = \angle AED = \angle AGF = 90^\circ$)

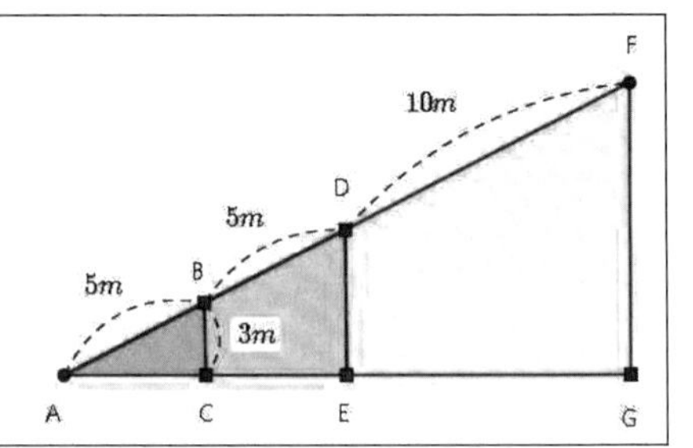

[자료 2]

* $\angle B = 90^\circ$ 인 직각삼각형 ABC에서 $\tan A + \cos C$의 값을 구하시오.

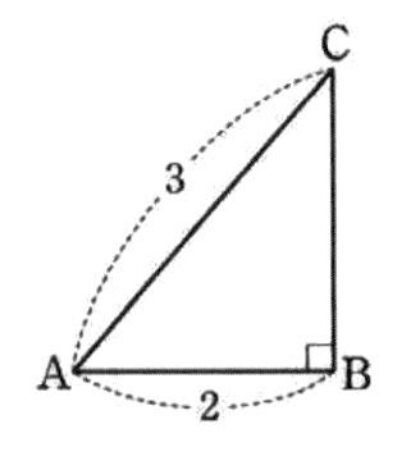

[자료 3]

* 학생 A와 학생 B가 구한 삼각비의 값이다. 두 학생의 풀이 과정에서 각각 틀린 부분을 찾고, 그 이유를 말해 보시오.

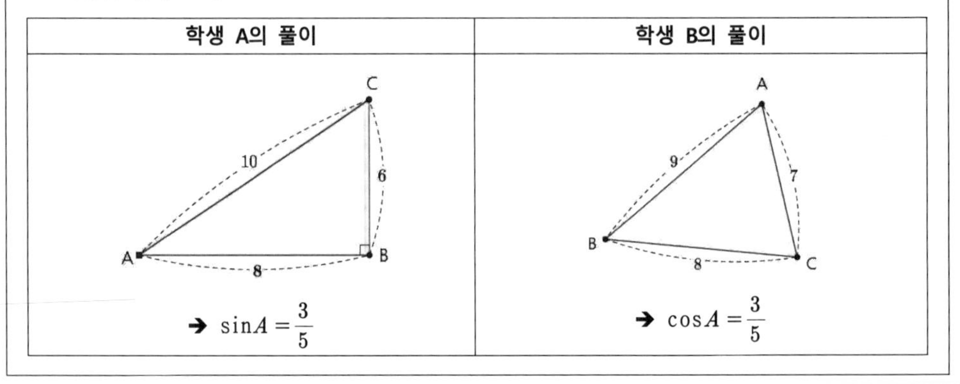

20■■학년도 중등학교교사 임용후보자 선정경쟁시험 (제2차 시험)

수학 교수·학습 지도안 답안지

수험번호									이　름	

단　원	V. 삼각비　1. 삼각비　01. 삼각비		차　시	
학습목표	• 삼각비의 뜻을 안다.			
학습단계	**학습전개**	**교 수 · 학 습 과 정**		
도　입	주의환기	• 인사 및 출석 확인		
	선수학습	• 닮은 도형에서 대응하는 변의 길이의 비가 서로 같음을 확인한다. • 피타고라스 정리를 이용하여 변의 길이를 구할 수 있는지 확인한다.		
	동기유발	<응시자 작성 부분 1>		
	학습목표	• 학습목표를 확인한다.		
전　개	내용 설명	• 교사는 다음 내용을 설명한다. **삼각비** $\angle C = 90°$ 인 직각삼각형 ABC 에서 $\sin A = \dfrac{\overline{BC}}{\overline{AB}} = \dfrac{a}{c}$ $\cos A = \dfrac{\overline{AC}}{\overline{AB}} = \dfrac{b}{c}$ $\tan A = \dfrac{\overline{BC}}{\overline{AC}} = \dfrac{a}{b}$		
	삼각비의 값 구하기	<응시자 작성 부분 2>		

20■■학년도 중등학교교사 임용후보자 선정경쟁시험 (제2차 시험)

수학 교수·학습 지도안 답안지

수험번호									이　름	

전　개	삼각비의 값 구하기	
	삼각비의 값 구하기 (오류 찾기)	<응시자 작성 부분 3>
정　리	형성평가	• 형성평가를 풀어보도록 한다. • 답을 확인하며 피드백한다.
	차시예고	• 다음 차시를 예고한다.
	인사	• 인사를 하고 마친다.

고등학교 1학년 '직선의 방정식' 단원

20■■학년도 중등학교교사 임용후보자 선정경쟁시험 (제2차 시험)

수학 교수·학습 지도안 문제지

수험번호									이 름	

1. 주제 : 직선의 방정식

2. 단원

고등학교 1학년	Ⅲ. 도형의 방정식	2. 직선의 방정식

3. 단원의 지도 계통

학습한 내용	
중학교 1학년	- 좌표평면와 그래프
중학교 2학년	- 일차함수와 그래프 - 일차함수와 일차방정식의 관계 - 피타고라스 정리

⇨

본 단원의 내용		차시
IV. 통계	2. 직선의 방정식	
	01. 직선의 방정식	
	02. 두 직선의 평행과 수직	
	03. 점과 직선 사이의 거리	

4. 지도안 작성 시 유의사항

1. 실제 수업 상황을 염두에 두고 구체적으로 지도안을 작성한다.
2. 도입 단계로서 <응시자 작성 부분 1>은 [자료 1]을 사용하여 '동기유발'에 대한 수업 내용을 작성한다.
3. <응시자 작성 부분 2>는 [자료 2]를 이용하여 x절편과 y절편이 주어진 직선의 방정식을 구하는 과정을 작성한다. 단, 학생이 직접 칠판에 풀이 과정을 설명하는 과정을 포함한다.
4. <응시자 작성 부분 3>은 [자료 3]을 이용하여 모둠활동으로 문제를 해결하는 과정을 작성한다. 단, 교사와 학생, 학생과 학생 사이의 구체적인 의사소통 과정을 포함한다.
5. 전개 단계에서 교사와 학생들과의 의사소통이 구체적으로 드러나도록 한다.

5. 수업 상황

대상	수업시간	교육 기자재	평가
28명 (4인 1조)	**90분**	**칠판, 분필**	**관찰평가**

20■■학년도 중등학교교사 임용후보자 선정경쟁시험 (제2차 시험)

수학 교수·학습 지도안 문제지

수험번호									이 름	

[자료 1]

* 좌표평면 위에 점 A(3, 2)가 있다. 점 A를 지나고 기울기가 2인 직선을 그리려고 한다.

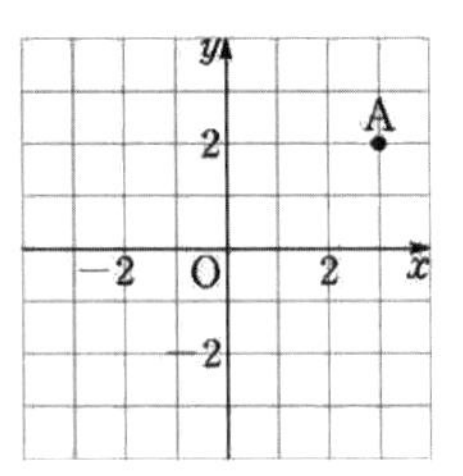

[자료 2]

* $a \neq 0$, $b \neq 0$일 때, x절편이 a이고 y절편이 b인 직선의 방정식이 $\frac{x}{a}+\frac{y}{b}=1$임을 설명해보자.

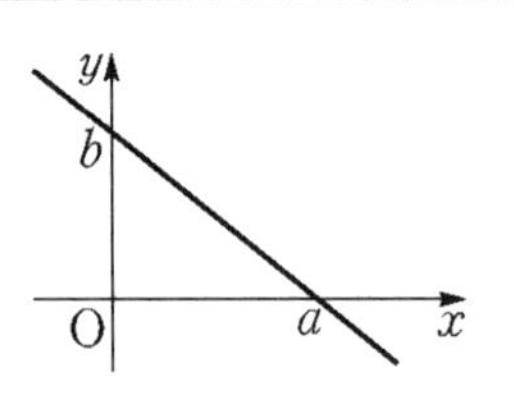

[자료 3]

* 일차방정식 $(x-y+2)+k(2x+y-1)=0$이 나타내는 직선은 실수 k의 값에 관계없이 항상 일정한 한 점을 지나는 직선임을 설명해보자.

20■■학년도 중등학교교사 임용후보자 선정경쟁시험 (제2차 시험)

수학 교수·학습 지도안 답안지

수험번호									이 름	

단 원	Ⅲ. 도형의 방정식 2. 직선의 방정식 01. 직선의 방정식	차 시	
학습목표	• 직선의 방정식을 구할 수 있다.		

학습단계	학습전개	교 수 · 학 습 과 정
도 입	주의환기	• 인사 및 출석 확인
	선수학습	• 일차함수 그래프의 기울기를 x, y 값의 증가량 개념으로 설명해본다. • 기울기와 y절편을 이용하여 일차함수의 그래프를 그릴 수 있는지 확인한다.
	동기유발	<응시자 작성 부분 1>
	학습목표	• 학습목표를 확인한다.
전 개	내용 설명	• 교사는 다음 내용을 설명한다. **한 점과 기울기가 주어진 직선의 방정식** 점 (x_1, y_1)을 지나고 기울기가 m인 직선의 방정식은 $y-y_1=m(x-x_1)$ **두 점을 지나는 직선의 방정식** 서로 다른 두 점 $A(x_1, y_1)$, $B(x_2, y_2)$를 지나는 직선의 방정식은 1) $x_1 \neq x_2$일 때, $y-y_1=\frac{y_2-y_1}{x_2-x_1}(x-x_1)$ 2) $x_1=x_2$일 때, $x=x_1$
	x절편과 y절편이 주어진 직선의 방정식 구하기	<응시자 작성 부분 2>

20■■학년도 중등학교교사 임용후보자 선정경쟁시험 (제2차 시험)

수학 교수·학습 지도안 답안지

수험번호								

이 름	

전 개	x절편과 y절편이 주어진 직선의 방정식 구하기	
	항상 일정한 점을 지나는 직선의 방정식	<응시자 작성 부분 3>
정 리	형성평가	• 형성평가를 풀어보도록 한다. • 답을 확인하며 피드백한다.
	차시예고	• 다음 차시를 예고한다.
	인사	• 인사를 하고 마친다.

VIII

수업 능력평가를 준비하며

1. 첫 수업 능력평가에 임하는 마음가짐
2. 수업을 어떻게 구성할까?
3. 수업 과정에서 중요한 요소들
4. 수업이 끝난 뒤에

첫 수업 능력평가에 임하는 마음가짐

누군가의 앞에 선다는 것은 모든 이에게 **설레면서도 긴장되는 일**이다. 특히 수업이나 강의를 위해 칠판 앞에 서는 장면은 상상만으로도 두려움이 먼저 앞설지도 모른다.

누구에게나 처음은 존재하며 교직 경력이 30년이 넘은 현직 선생님들 또한 **새로운 환경에서 낯선 학생들과 만나는 첫 시간**은 그동안의 교직 경력을 모두 쏟아부어도 썩 만족스럽지 않을 것이다.

여기 수업 능력평가를 위해 준비하고 있는 여러분이 있다. 내가 서 있는 맞은 편에는 내 수업을 들을 학생들이 아닌 평가자가 떡하니 의자에 앉아 있기에 **머릿속은 점점 하얗게 변하고 있을 것**이다.

사실은 **평가자도 함께 긴장**하고 있다.
여러분이 누군지, 어떤 수업을 보여줄지 모르기 때문이다.

하지만 **기회는 오직 한 번**밖에 없으니 흩어진 정신을 다시 모아야 하리라. 평소 내가 꿈꾸던 수업 상황을 이미지화한 뒤, 지도안 작성 과정에서 생각했던 처음부터 끝까지를 빠르게 머릿속으로 스캔해야 한다.

한 번의 기회를 갖기 위해 노력했던 지난 시간들을 떠올려보자.

나는 수업 능력평가라는 자리에 서기에 충분한 자질과 역량을 갖추고 있으며 **예비교사가 되기 위한 마지막 모습을 보여주는 자리**로 생각하자.

내가 서 있는 곳은 첫 교직 생활을 시작하는 학교의 한 교실이고, 내 앞의 평가자는 점수를 채점하는 사람이 아닌 학생이자 학부모 또는 동료 교사라고 생각하자.

아마 조금씩 긴장감이 줄어들면서 목소리에 서서히 힘이 들어가며 어느새 **매우 자연스럽게 수업의 첫발을 내딛고 있을 것**이다. 아마도 여러분은 충분히 그러한 힘을 가지고 있는 사람이자 당연히 해낼 수 있는 존재라고 생각한다.

연습을 통해 최대한 빨리 긴장을 풀고,
평소 연습하던 상황으로 바꾸는 능력을 갖춘다면
오히려 **수업하는 장소가 편안함을 가져올지도** 모른다.

오늘 여기에서 보여줄 여러분의 수업이 교직 생활 과정에서의 어느 수업보다도 **가장 기억에 남는 장면이자 역사가 될 것**이다. 오랫동안 고민하고 노력해서 준비된 사람만이 자신의 멋진 모습을 기억의 한 페이지에 담을 수 있을 것이다.

'교사의 길'이라는 **책의 첫 페이지**에
나의 첫 수업이 아름답게 담기기를
모두가 바라지 않을까?

수업을 어떻게 구성할까?

가. 기억하자! 최신 수업 트렌드 (Trend)

1) 배움중심수업

약 4~5년 전부터 수업의 변화가 나타나기 시작했다. **교사에서 학생으로 수업의 중심이 이동**한 것이다. 배움중심수업이라는 이름으로 불리는 교수법이 학교 현장에 자리를 잡았고, 비슷한 의미의 협력학습, 거꾸로 수업(flipped learning), 토의・토론학습 등이 수업의 변화를 이끌어나가고 있다.

이들 수업의 공통점은 기존 강의식 수업의 틀을 벗어나 **학생이 수업의 중심이 되어 이끌어나간다**는 점이다. 학생과 교사의 의사소통, 학생 간의 관계 형성을 통해 배움이 자연스럽게 일어남으로써 **교사의 가르침의 최소화하는 동시에 학생의 배움은 극대화하는 효과**를 가져온다.

2) 블렌디드 러닝

작년부터 코로나19로 인해 등교수업과 온라인 수업이 병행되었다. 자연스레 수업의 변화와 진화가 나타나게 되었고, **온라인과 오프라인 수업이 혼합**된 블렌디드 러닝(blended learning)이 대두된다. 기본 축은 등교수업으로 진행되는 오프라인 수업이지만 온라인을 통해 얻을 수 있는 수업의 다양성이 결합 되기 때문에 상호보완적인 운영이 필수적이다.

이러한 수업의 장점은 **학습 효과의 극대화, 학습 기회의 확대 및 교육에 투여되는 시간과 비용의 최소화** 등이며, 이를 통해 다양한 전략으로 수업의 질적 향상을 도모할 수 있다.

코로나가 교육에도 많은 변화를 가져왔다.
오프라인 수업만 잘하는 교사보다
온라인 수업도 함께 잘하는 교사를 원하는 시대로...

나. 준비하자! 수업 실연에 들어가기 전까지

1) 수업 능력평가를 위한 준비

가) 연습 & 피드백

혼자서든 스터디그룹 멤버들과 함께든 **반복된 연습은 필수**적이다. 차시별 주제에 따른 지도안 작성을 바탕으로 자신의 수업 모습을 화면에 담고, **타인의 피드백을 수용적인 자세로 받아들이는 것이 중요**하다. 특히 녹화된 화면을 제 3자의 입장에서 바라보면 의외로 습관이나 버릇을 찾기 쉬운 경우도 많다.

예비 교사의 입장에서 자신의 수업을 누군가가 관찰하고 조언하는 것이 불안하고 걱정될 수도 있다. 한편으로는 불편한 마음이 들기도 할 것이다. 하지만 **나의 단점을 찾아 수정 및 보완할 수 있는 열린 사고**로 현실을 받아들인다면 실전에서 좋은 결과로 연결된다는 사실은 분명해진다.

연습은 프로를 만들고, 피드백은 성장을 이끈다.

나) 판서 계획

수업의 구성 요소 중에서 **교사의 개인 역량**을 드러내는 동시에 **한 차시 수업의 핵심을 담고 있는** 것이 바로 판서이다. 용어와 개념, 증명, 문제풀이 등 모든 것이 포함되기에 수업 장면 전체가 녹아있는 것이라고 봐도 무방하다.

가로로 긴 직사각형의 칠판을 **3등분 또는 4등분**하여 판서하는 것이 일반적이다. 수업 능력평가를 준비할 때는 모든 단원을 이와 같이 3~4등분된 칠판 위에 내용을 판서할 수 있도록 연습하는 것이 좋다. 지도서를 참고해서 수업을 그려보는 것도 좋지만 실제 판서 계획서를 작성하면서 **수업의 흐름이 각인**되고, **실제 수업에서 자연스러움이 더해질 것**이다.

악필(惡筆)은 걱정하지 말아라.
학생들은 **선생님의 열정과 마음을 읽을 뿐**이다.

2) 구상실에서의 모습

가) 수업 실연을 위한 지도 및 **판서 계획** 수립

나) 판서에서 사용할 **색분필의 종류와 순서** 확인

다) **주요 내용과 강조 사항을 체크**하여 수업 실연 문제지에 메모

수업 상황을 미리 그려보는 과정을 통해
성공적인 수업인지의 여부를 가늠해볼 수 있다.

수업 과정에서 중요한 요소들

가. '도입' 과정

1) 주의 환기

수업을 시작하기 전에 주변 환경을 정리하고 학습 준비를 확인한다. 교사와 학생 간의 인사 및 출결 확인 과정이 이루어지면서 수업 분위기와 자연스럽게 연결된다. 오늘 **수업 내용과 연관된 실생활 요소**를 소재로 이야기를 이어가거나 **학생들의 집중도를 높일 수 있는 요소**를 활용하여 수업 전에 구상했던 방향으로 전개되도록 한다.

2) 선수학습

본시 학습 내용과 연관되는 **전시 학습 내용을 발문**하여 학생들의 발표나 전체 대답으로 연결하는 것이 일반적이다. 오늘 수업할 내용을 **성공적인 학습으로 이어가는 시발점** 역할을 한다. 수업 실연에서는 시간상의 제약이 존재하기 때문에 구두로써 설명하는 것이 좋다.

3) 동기유발

도입 단계에서 **교사 개인의 역량이 가장 두드러지게 구분**되는 영역이라 할 수 있다. 자극적인 영상이나 소재를 활용하여 순간적인 집중을 이끌어 낼 수도 있겠지만 궁극적으로는 **내적 동기를 유발**함으로써 학습 효과를 높이는 방향으로 이끌어가는 것이 필요하다.

그림이나 도표 등을 활용하여 시각적인 자극을 제시하는 것도 좋은 방법이 될 수 있다. 중요한 점은 **학습자의 수준에 맞는 발문**을 통해 학생들에게 **배움의 동기**가 생기도록 하는 동시에 **수학의 유용성과 필요성**을 느끼도록 하는 것이다.

4) 학습 목표

학생들이 **한 차시의 수업을 통해 도달하고자 하는 목표**를 확인한다. 보통 1~2개의 학습 목표가 제시되며, 교사가 일방적으로 안내하는 것보다는 **전체 학생들이 함께 읽으면서** 목표를 정확히 인지할 수 있도록 한다.

수업 실연에서는 학습 목표를 모두 판서하는 것이 현실적으로 어렵다. 그러므로 **'학습 목표'만 칠판에 작성**한 뒤, 함께 읽어보는 상황으로 연결하는 것이 좋다. 긴장한 나머지 학습 목표가 순간적으로 기억나지 않을 수도 있으니 처음부터 수업 실연 문제지를 보면서 읽는 방법도 있음을 알아두자.

나. '전개' 과정

1) 내용 설명

교사의 설명과 학생들과의 상호작용으로 바탕으로 한 차시 분량의 개념, 용어, 공식, 증명 등을 전달하여 학습이 이루어진다. 교사의 발문을 통해 학생들이 내용에 관심을 가지며, **다양한 사고력을 기반으로 학습**하게 된다. 지식 전달이라는 측면에 중점을 두고 있는 것은 맞지만 강의식으로 일방적인 전달은 피하는 것이 좋다. 수업 실연에서는 '지도안 작성 시 유의사항'의 내용을 정확히 숙지하여 반영해야 한다.

2) 모둠활동

일반적으로 **4인 1조의 모둠**을 구성하여 과제를 함께 해결하거나 토론하는 과정으로 진행한다. **모둠원들 간의 상호 질문과 티칭** 과정에서 스스로 배움이 일어나고, 학생 개인의 눈높이에서 학습이 이루어짐으로써 지적 성장이 두드러지게 나타나는 장점이 있다. 배움을 나누는 학생들의 역할이 중요하므로 학급 구성원들의 특징을 파악하여 모둠을 구성하도록 한다.

3) 순회지도

모둠 활동이 진행되는 과정에서 교실을 순회하며 **모둠 내의 의사소통과 토의·토론 과정을 보조**하며, 개별 질문에 도움을 제공한다. 1:1로 풀이 과정 전체를 설명하거나 답을 알려주는 행동보다는 **구체적인 발문을 통해 학생 스스로 내용을 이해하고 문제를 해결**할 수 있도록 이끌어주는 것이 중요하다. 관찰평가와 연계해서 개인별 도달 수준을 확인하고, 학생들이 모둠 활동에 적극적으로 참여할 수 있도록 독려한다.

4) 발표

모둠 활동 이후에 발표자를 지정한 후, 문제 해결 과정을 설명하거나 칠판에 판서하며 발표하도록 한다. **발문을 통해 적극적인 발표를 유도**하며, 친근감을 갖고 자신감 있게 발표할 수 있는 분위기를 제공한다. **틀린 내용에 대해서는 재발문**을 통해 스스로 해결하도록 기회를 주거나 전체 학생들에게 오답에 대해 옳고 그름을 판단할 수 있도록 함으로써 학습 능력을 극대화한다.

교사와 학생 모두가 적극성을 갖고 배움에 임하는
살아 움직이는 수업을 실현해보자.

다. '정리' 과정

1) 형성평가

한 차시 수업을 진행한 이후 **학습 목표의 도달 여부를 확인**하는 과정이다. '평가'라는 용어가 있어 시험이라는 인상을 줄 수도 있지만 학습을 통한 배움의 달성 정도를 알아보는 것이므로 수업이 마무리 단계에서 필수적이다. 개별 활동으로 진행하여 단순 평가 활동만 하는 것보다는 **모둠 내에서 상호 피드백을 제공**하고, 성취기준에 도달하지 못한 학생에 대한 **교사의 즉각적인 도움**이 함께 곁들여지는 것이 중요하다.

2) 차시 예고 & 인사

본 차시에 이어서 다룰 내용을 간단히 언급하며 수업을 마무리한다. PPT **등을 활용**하여 차시 내용을 안내하고, **친근한 표현을 활용**하여 인사를 하면서 본시 수업을 마친다.

라. '판서' Tip

1) 기본적으로 **칠판을 3등분하여 판서**를 진행
  · 칠판의 크기에 따라 4등분으로 진행해야 하는 경우도 있음

2) 기본 내용은 **흰색** 분필, 강조할 내용은 **노란색** 분필을 사용
  · 추가로 색분필이 필요하면 빨간색을 사용 (파란색은 거의 사용 안 함)

3) 주요 개념, 용어, 공식은 〈 , 〉, [,] 등을 사용하여 **제목을 강조**
  · 내용을 판서한 후, 네모 박스나 구름 모양으로 테두리 치기

4) **판서 내용을 가리지 않도록** 하며, 지우개는 가급적 사용하지 않음
   · 지우개를 써야 하는 경우, 반드시 필기하고 있는 학생을 보며 확인

5) 판서도 중요하지만 가장 중요한 것은 **학생들과 소통하고 호흡하는 것**
   · 판서를 해나가는 동시에 설명하는 것도 좋은 방법임

마. '소소한' Tip

1) 모든 수업 내용을 20분 이내에 압축해서 진행하는 것이 아님
   · 수업 실연 문제지에 제시된 부분만 실시
   · 학생들의 반응은 3초 정도의 여유를 두고서 자연스럽게 넘어감
   · 일반적으로 도입은 6분, 전개는 14분 정도의 비율로 정한 후 연습함

2) 다양한 발문, 모둠학습, 순회지도, 발표는 가능한 포함
   · 발문을 통해 학생들과 소통하는 과정을 자주 보여줌
   · 교실을 순회하며 학생들의 질문에 능동적으로 대처
   · 수업 태도가 좋거나 발표에 대한 긍정적인 피드백은 필수

3) 실제 학생들이 앞에 앉아 있다고 생각하는 것이 핵심
   · 큰 목소리, 정확한 발음, 강약 조절, 경청, 미소, 자신감은 필수 요소
   · 개념 설명이나 문제 풀이에서의 실수를 자연스럽게 넘어가도록 연습
   · 존댓말을 사용하며, 다양한 시선 처리로 모든 학생과 눈 마주치기

내가 맡은 배역이
마치 나 자신처럼 느껴질 때까지
시나리오를 연습하자.
배역에 몰입한 배우와 수업에 몰입한 교사는 동일하다.

수업이 끝난 뒤에

2차에서 '수업 나눔'을 실시하는 곳도 있고 그렇지 않은 곳도 있다. 시험의 포함 유무보다 수업 나눔을 위한 시간을 갖는다는 것에 주목하자.

한 차시의 수업이 끝나면 **지난 수업을 되돌아보는 시간**을 반드시 가져야 한다. 마치 시험문제를 풀어본 뒤, 오답 노트를 만들고 해설을 참고해서 복습하는 것과 같은 원리이다.

수업 전에 고민했던 부분들이 제대로 반영이 되었는지, 수업 상황에 적절하게 대처했는지, 수정 및 보완이 필요한 부분은 없는지 등을 생각해보며 **보다 나은 수업을 위한 고민의 과정**이 필요하다는 얘기다. 수업 나눔을 위한 특별한 방법이 있는 것은 아니지만 도움이 될 수 있는 몇 가지 사항만 확인해보자.

1) 수업 전체의 흐름을 고려했을 때, '배움중심수업', '수학과 교육과정의 성취기준', '교육과정-수업-평가-기록의 일체화' 등의 관점이 묻어나는지 분석한다.

2) 학생이 배움의 주체로서 역할을 하고 있는지 확인한다. 교사는 발문을 통해 학생의 참여를 이끌고, 학생들이 스스로 깨닫는 과정에서 배움이 일어나는 모습이 바람직하다.

3) 도움이 필요한 학생의 욕구를 충족시키는 동시에 여러 학생들에게 관심을 보이며 교사와 학생 간의 래포(rapport) 형성을 위해 노력하는지를 관찰한다.

IX

수학 교사로서의 길

1. 교과 역량 (수업, 평가)
2. 수학동아리 지도 (수학체험전)
3. 전문적 학습 공동체 (교사 동아리)
4. 모의고사 분석 (문제 풀이 및 수능 대비)
5. 대입 논술 및 수학 전공 면접 준비

교과 역량 (수업, 평가)

누군가로부터

"교사로서 가장 중요한 부분은 무엇이라고 생각하나요?"

라는 질문은 받는다면 아마도 꽤 많은 교사들이

"수업"

이라고 말할 것이다. 실제 주변 동료 교사나 선후배들과의 만남에서도 비슷한 답변을 들을 수 있다. **학생 앞에서 가장 당당한 모습**을 보여줄 수 있고, **교직에 대한 만족감**으로 연결될 수 있으며, 동료들로부터 '엄지척'을 받을 수 있는 첫 번째 요소라고 생각한다.

교육과정 재구성이 강조되고 있는 최근 교육의 흐름에 비추어 본다면 교과서와 교사용 지도서를 바탕으로 자신만의 교육 철학을 반영하고, 수업 구성원들의 특성을 고려함으로써 최적화된 수업을 구성할 수 있을 것이다.

'수업에 대한 고민이 깊은 만큼 학생들에게 전달되는 내용의 질이 높아지고, 수업 후의 만족감도 높게 나타난다.'는 말이 있듯이 나에게 주어진 매 수업 시간(중학교 45분, 고등학교 50분)을 하나의 **연극 무대처럼 구성**해서 연기를 풀어나가는 것은 매우 중요하다.

중간고사, 기말고사 등으로 불리는 평가에 있어서 자신의 전문 영역을 발휘하여 성취기준에 맞는 문항을 출제하고 평가함으로써 수업의 목적을 달성하고 학생의 발전 및 성취 정도를 확인하는 것도 필요하다.

덧붙여 평소 수업 전후로 적절한 문항을 메모해놓고, 타 학교 기출 문항이나 문제집 등에서 다루는 양질의 아이디어를 활용하는 것도 좋은 방법이므로 참고해두자.

최근 '교권이 추락했다.'는 언론 기사를 자주 접한다.
예전처럼 체벌을 가하지 않더라도
교권을 지키고 인정받는 가장 좋은 방법이 있다.
그것은 바로 **'수업'으로 학생들에게 인정받는 것**이다.

수학동아리 지도 (수학체험전)

교육과정에 편성되어 있는 동아리활동(정규동아리 또는 창체 동아리로 불리는 교육활동)을 구성할 때, 수학 교사들의 상당수는 수학동아리를 선택한다. 수학 교사로서의 의무감인 경우도 있지만 **수학에 대한 애정**을 바탕으로 하는 경우가 대부분이라 생각한다. 물론 다른 주제와 목적의 동아리를 구성해도 무방하다. 교사가 주도적으로 이끌어가야 하는 것이기에...

이후에는 동아리원 조직과 함께 연간 계획을 작성하는데, 이때 **체험수학을 중심으로** 활동을 준비하는 것이 좋다. 수학에 관심이 많은 학생들은 문제 풀이 위주의 수업과 학습에 초점이 맞추어져 있는 경우가 다수이기에 수학의 실용성과 즐거움을 아는 경우가 많지 않다.

실제로 '문제 해결만이 수학의 주요 목표'라고 생각하는 학생들을 만날지도 모른다. 그래서 종이접기나 수학 교구 사이트를 활용하여 **조작 중심의 수학을 경험**할 수 있도록 제공한다면 아이들의 흥미를 유발하는 동시에 학교 수학 내용을 실제 적용해보는 경험도 해볼 수 있다.

물론 교사가 직접 연구한 것이나 실생활에서 쉽게 준비할 수 있는 대상을 활동 주제로 선정한다면 더욱 관심의 정도는 높아질 것이다.

더욱이 지역별로 교육청이나 수학 지원센터 등에서 계획 및 운영하는 **수학 체험전에 지도교사로 참가**해보는 것을 한 번쯤은 경험해보았으면 한다. 주제를 정하고 아이들을 연습시키는 것이 어려울 수 있으나 수학이라는 대상을 통해 나눔, 배려를 실천하고, **인성적 측면까지 성장**하는 기회가 될 수 있다. 과학 축전과 같은 맥락에서 해석할 수 있다.

더욱이 지역 관계자나 학부모 및 지역민들과 함께 소통과 공감의 장을 통해 **수학을 다룬다는 것이 얼마나 즐겁고 유익한 것인지 전달**하는 기회이기도 하다.

학교 내에서 여건이 마련된다면 교내 수학 체험전을 준비하여 전교생이 하루만큼은 **수학이라는 언어로 대화하고 시간을 공유하는 기회**를 제공함으로써 수학 교사로서 자부심이 한층 높아질 수도 있을 것이다.

전문적 학습 공동체 (교사 동아리)

수학 교사라면 **수학을 사랑하는 사람들끼리 모여서 다양한 수학을 주제로 고민을 나누고 대화하는 시간**을 갖는 것을 누구나 꿈꿔본다. 학교 일과라는 울타리 안에서는 여러 제약을 이유로 실행되기 어려운 것도 사실이다.

그럼에도 같은 마음을 가진 동료 교사나 타 학교 선생님들이 있다는 소식을 들으면 설레는 마음이 조금씩 생길 거다. 이름하여 **전문적 학습 공동체**(이하 전학공)가 탄생하는 것이다.

다양한 목적을 지닌 전학공이 많지만 수학을 공통분모로 만나 지속적으로 활동이 이루어지는 경우는 생각보다 많지 않다. 그렇다 하더라도 선후배나 동 교과 교사들이 주축이 되어 전학공을 구성하면 **연대감과 지속성**이 높아진다.

이를 통해 **최신 수학 흐름과 수업, 평가** 등에 대한 자신만의 노하우와 정보를 교류하면서 수학을 바라보는 자신을 되돌아보고 보다 적극적인 모습으로 변하는 우리를 발견할 수 있을 것이다.

온라인을 중심으로 한 수학 사이트나 단체 채팅방에 가입하여 실시간으로 정보를 공유하는 방법부터 오프라인을 중심으로 한 연구회나 전학공 등의 소통 주체가 되어보는 것을 적극적으로 추천한다.

이들과의 관계 속에서 **수학 교사로서의 나의 정체성과 방향을 생각**해보는 기회의 장이 되는 동시에 주변의 수학 교사들이 자신과 비슷한 고민을 지니고 있다는 것도 알게 된다.

유대 관계가 깊어진다면 연구회의 수나 영역을 넓혀가며 인맥도 구축하고 관심 분야도 확대할 수 있으며, 전국 단위 네트워크를 형성함으로써 수학교육 발전에 대한 넓고 깊은 생각을 나눌 수 있을 것이다.

이것은 곧 나의 자산이자 자기 발전의 거름이 되면서 결국은 **나와 함께 수업하는 아이들에게 돌아가게 되는 선순환의 모델**이 된다고 볼 수 있다.

내 수업을 믿고 함께 하는 아이들을 위해 수업 방법을 고민하고 다양한 교수법을 적용하면서 교수 학습 분야의 발전이 함께 곁들여지는 행복함이 따라올 것은 분명한 사실이다.

모의고사 분석 (문제 풀이 및 수능 대비)

만약 고등학교 수학 교사로 살아간다면 일 년에 4번 이상 접하는 모의고사(고등학교 1, 2학년은 전국연합학력평가를 연 4회 치르며, 3학년은 대수능 모의평가 2회와 대학수학능력시험 1회가 추가)를 진지하게 고민하지 않을 수 없다.

어쩌면 이 성적 결과로 **교사로서의 수업 역량을 평가**받을지도 모른다.

물론 직접적인 연관성이 높은 것은 아니나 내가 가르치는 학생들의 수학 능력을 가름하는 척도로 생각하는 사람들이 많다 보니 고등학교에 근무하는 교사들은 일정 부분 부담을 안을 수밖에 없다.

실제 학생이나 학부모가 이를 볼모로 뒤에서 교사의 실력을 운운하는 것을 들을지도 모른다. 그렇기에 평소 수업에서 교과서를 바탕으로 한 내용 설명과 문제 풀이도 중요하지만 **모의고사를 대비한 기출문제를 함께 다루면서 수업을 구성**하는 것이 필수적인 사항이 되어버린 경우도 꽤 많다는 사실을 기억하자.

현재의 결과를 분석하여 수업을 듣는 학생들의 성취 수준을 파악하고, 약점을 파악한 뒤 이를 보완하기 위한 **피드백을 제공**함으로써 더 높은 결과를 얻을 수 있는 **후행 조치**는 매우 중요한 요소이다.

이를 소홀히 했을 경우, 상당수가 사교육으로 대체될 것이며 이는 공교육에 대한 불신과 비난으로 돌아올 가능성이 높다. 그래서 고등학교 교사는 자신의 수업에만 몰입해서는 안 되며, 수능을 최종 목표로 하여 평소 모의고사를 대비하는 연습도 반드시 뒤따라야만 한다.

기출문제의 유형과 출제 빈도 등을 분석하고 유사한 유형의 문제를 학생들에게 제공함으로써 **문항 적응도를 높여야** 한다.

학생 개인별로 분석한 약점을 바탕으로 방과 후나 심화 수업을 통해 이를 보완하는 기회를 제공함으로써 지적 성취와 목표 달성이라는 두 마리 토끼를 모두 잡아야 할 것이다.

대입 논술 및 수학 전공 면접 준비

최근 대입에서 정시 선발 비율이 늘어나면서 논술 시험을 통한 선발 비율은 상대적으로 감소하고 있다. 그럼에도 상위권 대학이라 일컫는 곳에서는 모집 정원의 상당수를 논술고사로 선발하고 있다.

그중에서도 **자연 계열 학과에서는 '수리논술'이라 일컫는 수학 과목의 비중이 꽤 높다**.

물론 대학에서 연 1회 발표하는 '선행학습 영향평가 결과보고서'를 참고하면 정규 교육과정을 이수한 학생들이 충분히 해결할 수 있는 수준이라고 하지만 준비하는 학생이나 이를 도와주는 현직 수학 교사의 입장에서 마냥 그렇지만은 않다는 것을 함께 해본 선생님들은 이해하실 것이다.

모의고사나 수능에 출제되는 문항과는 다소 상이하면서도 서술형이라는 특징 때문에 **답안 작성 방법이나 문제 풀이 전개**에 대한 부분도 함께 준비해야 하는 어려움이 따른다.

더욱이 대학별로 유형과 방식이 다른 경우도 있기에 맞춤형 지도가 생각보다 어려울 것이다. 그럼에도 수리논술로 대학을 가려는 학생들에게는 수학 교사로서 충분한 도움이 될 수 있도록 노력해야 한다.

최근 수시모집 면접고사에서 교과 전공에 대한 기초 개념 수준이 질문이나 설명을 요구하는 경우가 나타나고 있다. 이 또한 고등학교 교사라면 언제든 도움을 제공할 수 있는 준비가 되어있어야 한다.

물론 교과서 수준이라 교사의 입장에서 그리 부담될 수준은 아니지만 평소 각 대학별 기출 자료를 수집하고 분석하여 학생들에게 제공할 수 있는 준비를 해두면 좋을 것이다.

내가 시험을 치고 평가를 받는 것이 아닐지라도 고등학교 수학 교사라면 **학생들이 필요로 하는 것은 항상 미리 준비**해두고, 상황에 맞는 적절한 정보 제공을 통해 교사로서 충분한 인정을 받았으면 좋겠다.

X

나는 이런 선생님이 좋더라!

1. 소통과 공감으로 다가가는 선생님
2. 수업에 자신감이 가득한 선생님
3. 맡은 일에 최선을 다하는 선생님
4. 학생에게 하나라도 챙겨주려는 선생님
5. 후배로서 늘 배우려 하고, 선배로서 잘 챙겨주는 선생님

소통과 공감으로 다가가는 선생님

학급 담임으로서 아이들에게

"가장 좋은 선생님은 어떤 분이야?"

라고 물어보면 대부분의 학생들이

"말이 잘 통하고, 자신들의 이야기를 잘 들어주는 선생님"

이라고 답한다. 청소년기의 아이들이라 더욱 그런지 모르겠지만 이들 세대의 공통된 특성일지도 모르겠다.

평소 친구들과 재잘거리며 많은 이야기를 나누면서도 자신의 속 깊은 이야기를 가족에게 말하기는 조금 부끄럽고, 친구에게 털어놓기에는 비밀스러운 경우가 많다.

이런 아이들에게는 자신의 이야기를 담담히 들어줄 대상이 필요하다는 건 어쩌면 당연한 이야기가 될지도 모른다. 더욱 중요한 점은 바로 그 대상이 **의외로 선생님이었으면** 한다는 거다.

그런데 일부 선생님들은 학생들과 나이 차이가 많아서 또는 성별이 달라서 어려움을 겪는다는 이야기를 한다. 물론 반은 맞고 반을 틀린 이야기겠지만 아마 **교사 본인의 노력과 관심이 더해진다면 충분히 해결 가능**한 부분이 아닐까 생각한다.

동물이나 식물과도 교감할 수 있는 게 사람이기에 생각과 사고를 지닌 학생들과의 대화가 어렵다는 것은 사실 변명에 불과할 것이다.

그들의 말과 행동을 조금씩 기억해두고 그의 관심사를 이끌어내어 대화와 상담을 진행한다면 아이들도 자신의 마음을 드러내며 선생님에게 다가올 것이다.

교직 생활을 하면 가장 기분 좋은 말 중에서 하나는

"선생님은 저희랑 말이 잘 통해서 너무 좋아요."

라는 말이다.

다른 어떤 부분으로 좋은 칭찬을 듣는 것은 가끔 민망할 때도 있지만 아이들과 대화가 통하고 공감해주는 부분이 좋다는 말은 아마 **여러 번 들어도 기분 좋고 설레는 말**이라고 당당히 얘기할 수 있다.

수업에 자신감이 가득한 선생님

다른 과목도 자신의 교과에 대한 자부심이 높지만 수학 선생님들은 그중에서도 최정상을 차지할 정도로 **자기 과목에 대한 애착과 자신감이 높디 못해 매우 강하다.**

그러니 수업에 있어 빽빽한 필기와 색분필(물론 요즘은 전자칠판인 학교도 많다.)을 사용해서 칠판 한가득 수학 공식과 문제 풀이로 채운 뒤, 얼굴에 웃음을 가득 담은 모습을 종종 볼 수 있다. (학생들은 정반대의 얼굴이다.)

게다가 논리를 기저에 깔고서 여러 개념과 공식을 곁들여 단계별로 설명해나가는 모습을 본다면 누구든지 완벽(?)한 수업에 마음속으로 박수를 치고 있을 거다. 아마 수학 선생님들이 가장 많이 공감할 수 있는 대목일 것이다.

이 모든 것들은 자신의 **수학교육 철학의 바탕 위에 자신만의 수업 색깔을 입혀 교실에서 발현**되는 것으로 생각하면 좋을 듯하다.

이러한 과정에서 학생들은 수학 교사에 대한 높은 존경심을 갖게 되는 동시에 **'수학을 진심으로 좋아하는 사람으로부터 수학을 배운다.'**는 긍정적인 마음이 자리 잡게 된다.

하지만 수학이라는 과목이 가지는 이면으로써

'딱딱하고 지루하다.'

는 인식을 가진 학생이 해가 갈수록 많아지고 있다는 점을 간과하지 말자.

이를 위해 학생들의 눈높이를 고려한 동기유발 소재나 자료를 준비하여 **참여도를 높이려는 노력**은 당연히 필요하며, 목소리의 높낮이 변화와 강조 및 속도 조절 등을 통해 학생들이 지속적으로 수업에 집중할 수 있도록 하는 능력은 꾸준히 요구된다는 점도 기억하자.

수업 준비에 늘 최선을 다하고, 어려운 내용을 쉽게 설명해주며 다양한 문제 접근 방식을 공유하는 선생님에게 수학을 배우고 싶어 하는 학생들의 마음은 아마 여러분들의 학창 시절과 동일할 것이다.

수업으로 학생들을 휘어잡아 늘 존경받는 수학 교사가 되는 것을 교직 생활의 한 목표로 설정하는 것도 상당히 의미 있는 일이 될 거라 생각한다.

맡은 일에 최선을 다하는 선생님

학교 현장에서 수업만 하는 선생님은 당연히 없다. 매년 업무분장의 과정을 거쳐 자신에게 부여된 학교 일을 도맡아 해야 하며, 계획서 작성부터 예산 집행과 기록으로 남기기까지의 과정은 어쩌면 교사들에게 고역일 수도 있다.

다들 임용되기 전에는

'학교에서 수업과 담임 역할만 하면 끝일 거야.'

라고 생각하기 때문이다.

이런 상황 속에서도 업무의 과중을 논하기보다는

'어떻게 하면 일년간 주어진 업무를 잘 해낼 수 있을까?'

를 고민하는 교사가 되었으면 한다.

관리자와 동료교사들은 업무와 직간접적인 연관성이 있으니 당연히 고생하는 점은 잘 알고 있다.

하지만 의외로 학급 학생들이나 교무실을 오가는 아이들도 이러한 모습을 관찰하고 그들 사이의 이야기 소재로 등장한다는 것을 알게 된다면 **교무실에서의 태도와 마음가짐**에도 작은 변화들이 일어날 것이다.

특히 담임으로서 학급 학생들과 상담을 하다 보면 선생님에게 **주어진 역할에 늘 열심히 구슬땀을 흘리는 모습에 존경심을 표하는** 경우도 많고, 어린 학생들이지만 따뜻한 위로와 격려를 보내는 경우도 존재한다.

'학교 업무는 누가 알아주는 이 없이 생고생'이라는 말도 있지만 학생들이 이를 알아준다는 사실에 가슴 뭉클해지는 경험을 하게 될지도 모른다.

더욱이 학교에서 매사에 성실한 모습을 보인다면 동료 교원들을 통해 미담이 전해지고, **타 학교로 전근을 갔을 때 좋은 인상으로 전해질 가능성**도 높다.

학생들 통해 학부모에게 전해진다면 선생님으로서의 존중과 감사의 마음을 더욱 가지게 될 것이다.

이러한 여러 긍정적인 효과가 있기 때문에 **자신에게 주어진 일에 늘 최선의 노력을 다하는 교사**가 되려는 마음을 가졌으면 한다.

학생에게 하나라도 챙겨주려는 선생님

물론 먹을 것(소소한 간식 등)도 포함되겠지만 애정 어린 관심을 갖고 학생들을 관찰한 내용을 바탕으로 그들에게 **필요한 정보나 방향성을 알려주는 교사**를 학생들은 상당히 잘 따르는 경향이 있다.

마치 인생의 멘토를 만난 것처럼 자신의 고민을 털어놓기도 하고, 진로에 대한 도움을 요청하는 경우도 자주 보았다.

아마도 **'교사에 대한 신뢰와 더불어 부모의 마음과 같은 느낌을 받아서가 아닐까?'**라는 생각을 종종 해본다.

청소년기의 특성상 보호자로부터 독립된 존재로 인정을 받고 싶어하는 아이들만 생각해보면 쉽게 와닿지 않을 수도 있지만 의외로 작고 사소한 것들을 알아주고 챙겨주는 모습에 감동하는 학생들도 있다. (물론 눈물까지 흘리는 경우도 봤었다.)

더욱이 진로에 대한 고민이 많은 중학교 3학년이나 고등학생의 경우, 자신이 좋아하는 일이나 직업에 대한 정보를 함께 찾아보고 학생의 장점과 연관 지어 상담해준다면 부모님 이상의 가까운 거리를 유지할 수 있다.

이 모든 것들이 **나와 인연을 맺은 학생들에게 모래알만큼의 작은 것이라도 챙겨주고 나눠주려는 마음**에서 비롯된 것이라 생각하자.

어쩌면 교사로서 느낄 수 있는 다양한 감정들 중에서 꽤 가슴 깊은 여운과 울림으로 간직할 수 있는 소중한 기억이 될지도 모른다.

내가 준 하나의 씨앗이 아이들이라는 나무가 자라 무한한 열매를 맺어 사회에 나누고 공유하는 그림을 그려본다면 교사로서의 자긍심도 한 번 더 생각해볼 수 있지 않을까?

내 자녀라는 생각과
내 소중한 가족이라는 마음으로
아이들을 사랑하자.

후배로서 늘 배우려 하고, 선배로서 잘 챙겨주는 선생님

현직 교사로서 가장 경험하기 어려운 일 중에 하나가

'교직 생활의 멘토로 삼을 수 있는 선배 교사를 만나는 것'

이라고 감히 말해본다.

배울 점이 많아 늘 따르고 싶은 선생님이 자신의 근무지에 있다는 점은 길게는 30여 년의 교직 생활에서 최고의 복이라고도 일컫을 정도이다. (물론 人福이 많은 분들은 한 학교에서 여러 명을 만나는 행운을 얻기도 한다.)

먼저 교사의 길에 들어서서 **관계에 대한 도움을 제공하고, 어려운 일이 있을 때 먼저 손을 내밀어주는 이**는 언제나 두고두고 감사한 분으로 회자(膾炙)된다. 학교에서 그러한 역할을 해줄 수 있는 이는 아마도 선배 교사이지 않을까 생각한다.

수업, 평가, 담임 업무, 행정적인 부분과 대인 관계까지 교사로서 늘 생각하며 지내야 하는 것들이 너무나도 많지만 사실 누가 먼저 도움을 주려고 한다거나 정보를 제공하는 경우는 사실 드물다.

그래서 낯선 환경에 놓인 초임 교사들은 여러 실수와 시행착오를 겪으면서 조금씩 자기만의 노하우(knowhow)를 갖게 되고, 문제 상황을 해결해 나가기 시작한다.

사실 이러한 상황에서 선배의 작은 손길 하나는 **목마른 사슴의 눈에 나타난 옹달샘**과도 같을 거다. 두려움을 자신감으로 바꿀 수 있는 기회를 제공하는 그런 선배 교사가 되었으면 좋겠다.

물론 후배 교사로서의 역할이 없는 것은 아니다. 선배니깐 당연히 후배를 위해 호의를 베풀고 도와주라는 것은 결코 잘못된 생각이다.

먼저 인사도 건네고, 의논할 일이 있으면 마음의 멘토에게 찾아가 생각을 털어놓고 의견을 나누면서 상호 간의 신뢰를 구축하는 것은 매우 중요한 요소이다.

최근 신입 교사들이 지나친 자기중심적 사고와 행동으로 기성세대와 마찰을 겪는 경우를 종종 듣게 된다. 누가 잘못되었는지를 따지기보다는

'먼저 마음을 열고 다가서야 비로소 상대도 나와 같은 마음으로 대한다.'

는 것을 꼭 기억했으면 한다.

교사가 '학생의 거울'이듯
선배 교사는 **'후배 교사의 큰 거울'**이다.

XI

나는 이미 '수학 교사'다.

XI. 나는 이미 '수학 교사'다.

수학 교사가 되는 꿈 하나만을 보고 시작한 길에서 만난 첫 관문이자 **인생을 고민하게 되는 시간**을 보내고 있는 여러분들이 얼마나 힘든 하루를 보내며 노력하고 있는지 누구보다도 잘 알고 있다.

사범대학에 합격한 순간부터

'졸업하기만 하면 바로 교단에 설 수 있다.'

고 생각했었는데, 세상을 조금씩 알아가면서

**'임용시험을 통과한 교사라는 자격은
아무한테나 쉽게 주는 것이 아니구나.'**

라는 것을 깨닫는 데는 긴 시간이 필요하지 않았을 것이다.

임용이라는 큰 산을 앞에 두고서 지난 시간을 되돌아보면 참 웃을 일도 많았을 것이고, 힘들었던 순간들은 더없이 많았으리라. 도전해보지 않고 노력해본 적 없는 이는 마냥

"열심히 노력하면 다 잘 될 거야."

라고 격려의 말을 전하지만, 실제 경험하고 그 길 위를 걷고 있는 이에게는 **따뜻한 말 한마디조차 가슴 한구석을 후비어파는 송곳처럼 느껴질 때**도 있었을 거다.

하지만 처음 시작했던 그 마음을 늘 가슴속에 새기면서 미래의 내 모습을 그려보고, **수학 수업을 하며 행복한 얼굴을 띄는 나의 멋지고 늠름한 실루엣**을 떠올리며

**"오늘 하루도 힘차게 시작하는 그대가
너무 대단하고 존경스럽다."**

고 말하고 싶다.

교사라는 길이 그렇다. 누가 시켜서 시작한 이는 아무도 없을뿐더러 잘하면 사실 본전인 것들이 대부분이지만 자신의 **뚜렷한 교직관과 철학의 밑바탕 위에 아이들을 위하는 애정과 따뜻함이 더해져** 우리 교육의 미래를 밝히고 있다.

이제 여러분들이 **또 다른 발자취를 남길 차례**다. 아직 교수·학습 지도안 작성, 수업 능력평가, 면접 등의 관문이 남아있지만 지금 이 순간까지 변치 않는 마음과 그대의 노력이 평가자들에게 간절히 전해지리라 생각한다.

'준비된 자는 걸음걸이만 보아도 자신감을 느낄 수 있고, 눈빛만 보아도 진심을 알 수 있다.'

고 한다. 분명 100% 완벽한 수업과 모범 답안이 존재하지는 않는다.

다만 나의 지식과 삶이 투영된 간절함은 반드시 합격이라는 열쇠로 연결된다는 것은 분명하다. 여러분의 **소리와 표정과 몸짓으로 드러나는 예비 교사로서의 자질**은 아마 그들 모두에게 분명한 메시지를 전달할 것이다.

이제 최종합격이 코앞까지 와있다. 부디 **마지막 순간까지 노력해서 기쁨의 영광을 누리며 웃음 가득 행복한 앞날이 이어졌으면** 한다. 언젠가 교직 사회에서 만나게 된다면 **당신의 노력에 진심으로 존경을 표하리라** 약속한다.

"여러분들은 이미 대한민국 최고의 수학 교사다."

〈 부 록 〉

단원별 학습 목표 및 지도상의 유의점

교수・학습 지도안 작성을 위한 방향성을 파악하기 위해 **각 학년별 단원 분류**(대단원 - 중단원 - 소단원)와 **학습 목표 및 지도상의 유의점**을 확인해보자.

표를 통해 제시한 내용은 시중의 여러 출판사의 지도서를 참고하여 제작하였다. 여기서 중요한 점은 여러분 스스로 자신만의 표를 만들어 보며 내용 구성을 생각하는 것이다. (어떤 자료든 **원본을 그대로 사용하기보다는 자신의 것으로 재구조화하는 것이 준비에 많은 도움**이 될 것이다.)

1. 중학교 1학년

가. ‘Ⅰ. 수와 연산 - 1. 소인수분해’

소단원	학습 목표 및 지도상의 유의점
1) 소인수분해	**< 학습 목표 >** ·소인수분해의 뜻을 알고, 자연수를 소인수분해할 수 있다.
	< 지도상의 유의점 > ·소수는 자연수에서만 생각하게 하고, 1은 소수도 합성수도 아님에 유의하게 한다. ·지수는 자연수인 경우만 다룬다. ·거듭제곱의 밑이 여러 개인 경우에는 밑이 작은 것부터 순서대로 나타내면 최대공약수와 최소공배수를 구하거나 약수를 구할 때 편리함을 알게 한다.
2) 최대공약수와 최소공배수	**< 학습 목표 >** ·최대공약수와 최소공배수의 성질을 이해하고, 이를 구할 수 있다.
	< 지도상의 유의점 > ·두 자연수가 서로소인 것은 공약수가 없을 때가 아니라 공약수가 1뿐일 때임을 강조하여 지도한다. ·최대공약수와 최소공배수는 자연수의 소인수분해를 이용하는 범위에서 다룬다. ·최대공약수는 두 수의 공통인 소인수만으로 구성되고, 최소공배수는 두 수의 모든 소인수로 구성됨을 알게 한다.

나. ‘Ⅰ. 수와 연산 - 2. 정수와 유리수’

소단원	학습 목표 및 지도상의 유의점
1) 정수와 유리수	**< 학습 목표 >** ·양수와 음수, 정수와 유리수의 개념을 이해한다.
	< 지도상의 유의점 > ·다양한 상황을 이용하여 음수의 필요성을 인식하게 한다. ·양의 부호나 +와 음의 부호 -는 각각 덧셈의 기호, 뺄셈의 기호와 같으나 그 의미가 다름을 강조하여 지도한다. ·유리수를 분수에 양의 부호 + 또는 음의 부호 -를 붙인 수로 이해하게 한다.
2) 수의 대소 관계	**< 학습 목표 >** ·정수와 유리수의 대소 관계를 판단할 수 있다.
	< 지도상의 유의점 > ·어떤 수의 절댓값은 수직선에서 0을 나타내는 점과 그 수를 나타내는 점 사이의 거리와 같이 기하적 의미로 이해하게 하고, 수에서 양의 부호 + 또는 음의 부호 -를 떼어낸 수와 같이 대수적인 의미로 구하게 한다. ·수를 수직선 위의 점에 대응시키는 활동을 통하여 수의 부호와 크기를 파악할 수 있게 한다. ·양수는 그 절댓값이 클수록 크고, 음수는 그 절댓값이 클수록 작음을 이해하게 한다.
3) 정수와 유리수의 덧셈과 뺄셈	**< 학습 목표 >** ·정수와 유리수의 덧셈, 뺄셈의 원리를 이해하고, 그 계산을 할 수 있다.
	< 지도상의 유의점 > ·정수의 덧셈과 뺄셈의 원리를 이해하게 되고, 이를 유리수의 덧셈과 뺄셈에 적용할 수 있도록 지도한다. ·뺄셈은 덧셈의 역연산임을 이해하게 한다. ·양의 부호 +가 생략된 계산 문제는 먼저 생략된 양의 부호 +를 다시 넣어 계산하는 것을 충분히 연습하게 한다.
4) 정수와 유리수의 곱셈과 나눗셈	**< 학습 목표 >** ·정수와 유리수의 곱셈, 나눗셈의 원리를 이해하고, 그 계산을 할 수 있다.
	< 지도상의 유의점 > ·정수의 곱셈과 나눗셈의 원리를 이해하게 하고, 이를 유리수의 곱셈과 나눗셈에 적용할 수 있도록 지도한다. ·여러 개의 수의 곱셈과 나눗셈에서는 음수의 개수에 따라 부호가 정해짐을 이해하게 한다. ·나눗셈은 곱셈의 역연산임을 이해하게 한다.

다. 'Ⅱ. 방정식 - 1. 문자와 식'

소단원	학습 목표 및 지도상의 유의점
1) 문자의 사용	**< 학습 목표 >** ·다양한 상황을 문자를 사용한 식으로 나타낼 수 있다. ·식의 값을 구할 수 있다.
	< 지도상의 유의점 > ·다양한 상황에서 문자의 필요성과 유용성을 인식하게 한다. ·문자에 수를 대입할 때는 양수뿐만 아니라 0이나 음수도 대입할 수 있음을 알게 하고, 음수를 대입할 때는 반드시 괄호를 사용하게 된다 ·문자 앞에 음의 부호가 있는 경우에는 부호에 주의하여 수를 대입하게 한다.
2) 일차식의 계산	**< 학습 목표 >** ·일차식의 덧셈과 뺄셈의 원리를 이해하고, 그 계산을 할 수 있다.
	< 지도상의 유의점 > ·단항식, 다항식 등의 용어의 뜻은 구체적인 예를 통하여 알게 한다. ·'이차식', '삼차식' 용어는 사용하지 않고 차수를 구하는 정도로만 지도한다. ·동류항끼리의 합 또는 차를 구할 때는 분배법칙을 이용하게 한다. ·일차식의 계산은 일차방정식을 푸는 데 도움이 되는 정도로만 다룬다.

라. 'Ⅱ. 방정식 - 2. 일차방정식'

소단원	학습 목표 및 지도상의 유의점
2) 일차식의 계산	**< 학습 목표 >** ·일차식의 덧셈과 뺄셈의 원리를 이해하고, 그 계산을 할 수 있다.
	< 지도상의 유의점 > ·단항식, 다항식 등의 용어의 뜻은 구체적인 예를 통하여 알게 한다. ·동류항끼리의 합 또는 차를 구할 때는 분배법칙을 이용하게 한다. ·일차식의 계산은 일차방정식을 푸는 데 도움이 되는 정도로만 다루고, 계수가 문자인 경우는 다루지 않는다.
1) 방정식과 그 해	**< 학습 목표 >** ·방정식과 그 해의 의미를 알고, 등식의 성질을 이해한다.
	< 지도상의 유의점 > ·주어진 상황을 문자를 사용한 등식으로 만들어 보게 함으로써 등식의 뜻을 이해하게 한다. ·방정식은 다양한 상황을 통해 도입하여 그 필요성을 인식하게 한다. ·방정식의 미지수에 여러 가지 수를 대입하여 참, 거짓을 판단하게 함으로써 해의 의미를 이해하게 한다.
2) 일차방정식	**< 학습 목표 >** ·일차방정식을 풀 수 있고, 이를 활용하여 문제를 해결할 수 있다.
	< 지도상의 유의점 > ·일차방정식의 풀이는 일차부등식, 이차부등식의 풀이와도 관련이 있으므로 그 풀이를 충분히 연습시켜 익숙해지게 한다. ·방정식을 여러 가지 방법으로 풀어보면서 더 나은 풀이 방법을 찾고 설명해 보게 한다. ·방정식을 활용하여 실생활 문제를 해결하고 그 유용성과 편리함을 인식하게 한다.

마. 'Ⅲ. 그래프와 비례 - 1. 좌표평면과 그래프'

소단원	학습 목표 및 지도상의 유의점
1) 순서쌍과 좌표	< 학습 목표 > ·순서쌍과 좌표를 이해한다.
	< 지도상의 유의점 > ·수직선 위의 각 점이 수와 대응되고, 대응되는 수를 좌표로 나타내는 것을 알게 한다. ·순서쌍 (a, b)와 (b, a)는 서로 다름을 이해하게 한다. ·원점과 좌표축은 어느 사분면에도 속하지 않음에 유의하게 한다.
2) 그래프	< 학습 목표 > ·다양한 상황을 그래프로 나타내고, 주어진 그래프를 해석할 수 있다.
	< 지도상의 유의점 > ·그래프는 증가와 감소, 주기적 변화 등을 쉽게 파악할 수 있게 해 준다는 점을 인식하게 한다. ·주어진 상황을 그래프로 나타날 때, 시간, 무게 등과 같은 변수는 음수의 값을 가질 수 없음에 유의하게 한다. ·시간과 거리 사이의 관계를 나타낸 그래프의 모양이 직선일 때, 속력은 직선의 기울기로 구하지 않고 전체 시간과 전체 거리를 이용하여 구하게 한다.

바. 'Ⅲ. 그래프와 비례 - 2. 정비례와 반비례'

소단원	학습 목표 및 지도상의 유의점
1) 정비례	< 학습 목표 > ·정비례 관계를 이해하고, 그 관계를 표, 식, 그래프로 나타낼 수 있다.
	< 지도상의 유의점 > ·속력과 거리와 같은 실생활의 예를 통하여 정비례 관계를 직관적으로 이해하게 한다. ·정비례 관계인지를 판단할 때는 관계식의 형태뿐만 아니라 정비례 관계의 의미도 함께 고려하도록 지도한다. ·$y=ax$에서 a의 값이 음수인 경우도 정비례 관계임을 이해하게 한다. ·정비례 관계가 성립하는 실생활의 예를 찾아 설명하게 한다. ·정비례 관계의 그래프를 그릴 때, 대응표와 순서쌍을 이용하는 방법이 충분히 숙달된 후에 직선의 성질을 이용하여 그리도록 지도한다.
2) 반비례	< 학습 목표 > ·반비례 관계를 이해하고, 그 관계를 표, 식, 그래프로 나타낼 수 있다.
	< 지도상의 유의점 > ·속력과 거리와 같은 실생활의 예를 통하여 반비례 관계를 직관적으로 이해하게 한다. ·반비례 관계인지를 판단할 때는 관계식의 형태뿐만 아니라 반비례 관계의 의미도 함께 고려하도록 지도한다. ·반비례 관계 $y=\frac{a}{x}$ (단, $a\neq0$)의 그래프가 매끄러운 곡선임을 여러 개의 점을 연결하여 직관적으로 이해하도록 지도한다. ·반비례 관계 $y=\frac{a}{x}$ (단, $a\neq0$)의 그래프는 좌표축과 만나지 않음을 알게 한다.

사. 'Ⅳ. 기본도형 - 1. 기본도형'

소단원	학습 목표 및 지도상의 유의점
1) 점, 선, 면, 각	< 학습 목표 > ·점, 선, 면, 각을 이해한다.
	< 지도상의 유의점 > ·한 점을 지나는 직선은 무수히 많지만 두 점을 지나는 직선은 오직 하나뿐임을 이해하게 한다. ·$\overline{AB}$는 선분 AB를 나타내기도 하고, 그 선분의 길이를 나타내기도 함을 알게 한다. ·∠AOB는 각 AOB를 나타내기도 하고, 그 각의 크기를 나타내기도 함을 알게 한다.
2) 위치 관계	< 학습 목표 > ·점, 직선, 평면의 위치 관계를 설명할 수 있다.
	< 지도상의 유의점 > ·점이 직선 위에 있다는 것은 직선이 그 점을 지난다는 의미이고, 점이 직선 위에 있지 않다는 것은 직선이 그 점을 지나지 않는다는 의미임을 이해하게 한다. ·두 직선이 만나지 않으면 평면에서는 두 직선이 평행하고, 공간에서는 두 직선이 평행하거나 꼬인 위치에 있다는 것을 강조하여 지도한다. ·직선과 평면이 수직인 경우는 직선과 평면이 한 점에서 만나는 특별한 경우임을 알게 한다.
3) 평행선의 성질	< 학습 목표 > ·평행선에서 동위각과 엇각의 성질을 이해한다.
	< 지도상의 유의점 > ·동위각과 엇각은 한 직선과 만나는 서로 다른 두 직선이 평행한 경우에만 생기는 것이 아님을 알게 하고, 동위각과 엇각의 크기가 각각 항상 같은 것은 아님을 알게 한다. ·서로 다른 두 직선이 한 직선과 만날 때 생기는 동위각 또는 엇각의 크기가 각각 같으면 두 직선은 평행함을 이해하게 한다.

아. 'Ⅳ. 기본도형 - 2. 작도와 합동'

소단원	학습 목표 및 지도상의 유의점
1) 삼각형의 작도	< 학습 목표 > ·삼각형을 작도할 수 있다.
	< 지도상의 유의점 > ·눈금 없는 자와 컴퍼스만을 이용하여 도형을 그리는 것이 작도임을 이해하게 한다. 특히 눈금 있는 자를 이용하여 선분의 길이를 재지 않도록 지도한다. ·작도하는 방법을 알게 하고 작도 순서의 중요성을 이해하게 한다. ·삼각형의 6요소 중에서 특별한 3요소만 알아도 삼각형을 하나로 작도할 수 있음을 알게 한다.
2) 삼각형의 합동 조건	< 학습 목표 > ·삼각형의 합동 조건을 이해하고, 이를 이용하여 두 삼각형이 합동인지 판별할 수 있다.
	< 지도상의 유의점 > ·삼각형의 작도와 연결하여 삼각형의 합동 조건을 이해하게 한다. ·공학적 도구와 다양한 교구를 이용하여 합동의 의미를 이해하게 한다. ·'(도형의) 대응' 용어는 교수·학습 상황에서 사용할 수 있다.

자. ‘Ⅴ. 평면도형 - 1. 다각형’

소단원	학습 목표 및 지도상의 유의점
1) 다각형	**< 학습 목표 >** ·다각형의 내각과 외각의 뜻을 알고, 대각선의 개수를 구할 수 있다.
	< 지도상의 유의점 > ·다각형의 한 꼭짓점에서 두 개의 외각을 그릴 수 있게 하고, 이 두 각은 맞꼭지각이므로 그 크기가 같음을 이해하게 한다. ·다각형에서 이웃하는 두 꼭짓점을 선분으로 연결하면 대각선이 아닌 다각형의 변이 됨을 이해하게 한다. ·다각형의 개수를 직접 그어 보면서 규칙을 발견하게 하고, n각형의 대각선의 개수를 식으로 나타낼 수 있도록 지도한다.
2) 다각형의 내각과 외각의 크기	**< 학습 목표 >** ·다각형의 내각과 외각의 크기의 합을 구할 수 있다.
	< 지도상의 유의점 > ·다각형의 내각와 외각의 크기의 합을 다룬다. ·다각형의 내각의 크기의 합은 한 꼭짓점에서 대각선을 모두 그어 나누어진 삼각형의 개수와 삼각형의 내각의 크기의 합을 이용하여 구할 수 있게 한다. ·다각형의 내각의 크기의 합은 공식을 유도하는 과정을 충분히 이해하게 한 후, 이를 이용하여 구할 수 있도록 지도한다.

차. ‘Ⅴ. 평면도형 - 2. 원과 부채꼴’

소단원	학습 목표 및 지도상의 유의점
1) 원과 부채꼴	**< 학습 목표 >** ·부채꼴의 중심각과 호의 관계를 이해한다.
	< 지도상의 유의점 > ·호 AB는 보통 작은 쪽의 호를 나타낸다는 것에 유의하게 한다. ·한 원뿐만 아니라 합동인 두 원에서도 부채꼴의 호의 길이와 넓이는 각각 중심각의 크기와 정비례함을 알게 한다. ·한 원에서 부채꼴의 호의 길이는 중심각의 크기에 정비례하지만 현의 길이는 중심각의 크기에 정비례하지 않음을 구체적인 그림을 통하여 이해하게 한다. ·두 원의 위치 관계는 다루지 않는다.
2) 부채꼴의 호의 길이와 넓이	**< 학습 목표 >** ·부채꼴의 호의 길이와 넓이를 구할 수 있다.
	< 지도상의 유의점 > ·원주율의 근삿값이 3.14인 것보다는 원주율은 원의 지름의 길이에 대한 둘레의 길이의 비율임을 강조하여 지도한다. ·부채꼴의 호의 길이와 넓이는 각각 중심각의 크기에 정비례함을 이용하여 그 값을 구하는 공식을 유도할 수 있게 지도한다. ·π는 정확한 값을 구할 수 없는 수이므로 부채꼴의 호의 길이와 넓이를 계산할 때는 유리수와 계산하지 않고 문자처럼 사용하도록 지도한다.

카. 'Ⅵ. 입체도형 - 1. 다면체와 회전체'

소단원	학습 목표 및 지도상의 유의점
1) 다면체	**< 학습 목표 >** ·다면체의 성질을 이해한다.
	< 지도상의 유의점 > ·다면체를 지도할 때는 각기둥, 각뿔, 각뿔대 등과 같은 구체적인 모형을 이용하여 직관적으로 이해하게 한다. ·입체도형의 겨냥도를 그려 봄으로써 다면체의 형태를 알게 하고, 보는 각도에 따라 모양이 변하는 것을 이해하게 한다. ·정다면체를 직접 만들어 보게 함으로써 정다면체의 종류가 다섯 가지뿐임을 직관적으로 이해하게 한다.
2) 회전체	**< 학습 목표 >** ·회전체의 성질을 이해한다.
	< 지도상의 유의점 > ·회전체의 성질을 원기둥, 원뿔, 구 등과 같은 구체적인 모형을 이용하여 직관적으로 이해하게 한다. ·평면도형을 회전시킬 때 생기는 회전체와 회전체를 생기게 한 평면도형을 알게 한다. ·회전체를 회전축에 수직인 평면으로 자른 단면과 회전축을 포함하는 평면으로 자른 단면을 관찰함으로써 회전체의 성질을 이해하게 한다.

타. 'Ⅵ. 입체도형 - 2. 입체도형의 겉넓이와 부피'

소단원	학습 목표 및 지도상의 유의점
1) 기둥의 겉넓이와 부피	**< 학습 목표 >** ·기둥의 겉넓이와 부피를 구할 수 있다.
	< 지도상의 유의점 > ·각기둥과 원기둥은 직각기둥과 직원기둥만 다룬다. ·각기둥의 겉넓이를 구할 때는 전개도를 이용하여 두 밑넓이와 옆넓이의 합으로 구하게 한다. ·원기둥의 겉넓이를 구할 때에도 각기둥과 마찬가지로 전개도를 이용하여 구하게 한다.
2) 뿔의 겉넓이와 부피	**< 학습 목표 >** ·뿔의 겉넓이와 부피를 구할 수 있다.
	< 지도상의 유의점 > ·뿔의 겉넓이를 구할 때는 전개도를 이용하여 밑넓이와 옆넓이의 합으로 구하게 한다. ·뿔의 겉넓이를 구할 때에도 각뿔과 마찬가지로 전개도를 이용하여 구하게 한다. ·원뿔의 전개도에서 옆면은 부채꼴로 그려야 함을 이해하게 하고, 이 부채꼴의 반지름의 길이는 원뿔의 모선의 길이임을 강조하여 지도한다.
3) 구의 겉넓이와 부피	**< 학습 목표 >** ·구의 겉넓이와 부피를 구할 수 있다.
	< 지도상의 유의점 > ·구의 겉넓이와 부피를 구하는 방법은 구체적인 활동을 통하여 직관적으로 이해하게 한다. ·구의 겉넓이와 부피에 대한 이해를 바탕으로 공식을 이용할 수 있도록 지도한다. ·복잡하게 변형된 구의 겉넓이와 부피를 구하는 문제는 다루지 않는다.

파. 'Ⅶ. 통계 - 1. 자료의 정리와 해석'

소단원	학습 목표 및 지도상의 유의점
1) 줄기와 잎 그림, 도수분포표	**< 학습 목표 >** ·자료를 줄기와 잎 그림, 도수분포표로 나타내고 해석할 수 있다.
	< 지도상의 유의점 > ·다양한 상황에서 자료를 수집하게 하고 수집한 자료가 적절한지 판단하게 한 후, 자신의 판단 근거를 설명해 보게 한다. ·다양한 상황의 자료를 줄기와 잎 그림, 도수분포표로 나타내게 하고, 그 분포의 특성을 설명할 수 있게 한다. ·도수분포표를 만들 때, 계급의 크기나 개수를 스스로 정하게 한다. 이때 계급의 크기는 일정한 간격으로 나누어야 함을 알게 한다.
2) 히스토그램과 도수 분포 다각형	**< 학습 목표 >** ·도수분포표를 히스토그램과 도수분포다각형으로 나타내고 해석할 수 있다.
	< 지도상의 유의점 > ·표를 그래프로 나타내면 자료의 분포 상태를 한눈에 알아보기 쉽다는 것을 구체적인 예를 통하여 인식하게 한다. ·히스토그램과 도수분포다각형에서 가로축과 세로축이 무엇을 의미하는지 이해하게 한다. ·도수분포다각형은 히스토그램의 양 끝에 도수가 0인 계급이 있는 것으로 생각하여 가로축 위에서 시작하여 가로축 위에서 끝나는 그림으로, 다각형이 되도록 그려야 함에 유의하게 한다.
3) 상대 도수	**< 학습 목표 >** ·상대도수를 구하여 이를 그래프로 나타내고, 상대도수의 분포를 이해한다.
	< 지도상의 유의점 > ·상대도수의 합은 1임을 이해하게 한다. ·도수분포표를 히스토그램이나 도수분포다각형으로 나타낸 것과 같이 상대도수의 분포표도 그래프로 나타낼 수 있음을 알게 한다. ·상대도수를 구할 때 계산이 복잡한 경우에는 계산기를 사용하게 한다.
4) 통계적 문제 해결	**< 학습 목표 >** ·공학적 도구를 이용하여 실생활과 관련된 자료를 수집하고 표나 그래프로 정리하고 해석할 수 있다.
	< 지도상의 유의점 > ·통계적 사고의 특징을 이해하게 하고 통계적 문제해결 과정에 따라 문제를 해결하는 활동을 통하여 통계의 필요성과 유용성을 인식하게 한다. ·다양한 상황에서 자료를 수집하게 하고 수집한 자료가 적절한지 판단하게 한 후 자신의 판단 근거를 설명해 보게 한다. ·다양한 상황의 자료를 표나 그래프로 나타내게 하고, 그 분포의 특성을 설명할 수 있게 한다.

2. 중학교 2학년

가. 'Ⅰ. 유리수와 소수 - 1. 유리수와 소수'

소단원	학습 목표 및 지도상의 유의점
1) 유리수의 소수 표현	**< 학습 목표 >** ·순환소수의 뜻을 안다.
	< 지도상의 유의점 > ·순환소수에서 순환마디는 소수점 아래에서 숫자의 배열이 되풀이되는 한 부분임에 유의하게 한다. ·유한소수로 나타낼 수 있는 분수를 찾을 때는 먼저 주어진 분수를 기약분수로 나타내야 함에 유의하게 한다. ·무한소수 중에는 순환소수가 아닌 무한소수도 있음을 예를 들어 알게 하되, 무리수에 대한 자세한 언급은 하지 않는다.
2) 순환소수의 분수 표현	**< 학습 목표 >** ·순환소수를 분수로 나타내고, 유리수와 순환소수의 관계를 이해한다.
	< 지도상의 유의점 > ·순환소수를 분수로 나타내는 것은 순환소수가 유리수임을 이해할 수 있는 정도로만 다룬다. ·순환소수를 분수로 나타내는 과정에서 소수점 아래의 부분을 같게 만드는 방법은 여러 가지가 있으나 계산이 가장 편리한 식을 사용하도록 지도한다. ·순환소수끼리의 사칙연산은 다루지 않는다. 따라서 순환소수를 분수로 고치는 과정에서 나오는 계산은 소수점 아래의 부분이 같아서 빼면 없앨 수 있다는 정도로만 직관적으로 이해하게 한다.

나. 'Ⅱ. 식의 계산 - 1. 단항식의 계산'

소단원	학습 목표 및 지도상의 유의점
1) 지수법칙	**< 학습 목표 >** ·지수법칙을 이해한다.
	< 지도상의 유의점 > ·지수법칙은 지수가 자연수인 범위에서만 다루고 단항식의 곱셈과 나눗셈을 하는 데 필요한 정도로만 다룬다. ·지수법칙은 구체적인 예를 통하여 그 규칙성을 찾아내도록 지도한다. ·$a^m \div a^n$은 먼저 m과 n의 크기를 비교한 후 계산해야 함에 유의하도록 지도한다.
2) 단항식의 곱셈과 나눗셈	**< 학습 목표 >** ·지수법칙을 이용하여 단항식의 곱셈과 나눗셈을 할 수 있다.
	< 지도상의 유의점 > ·지수법칙을 이용하여 단항식의 곱셈과 나눗셈을 할 수 있게 지도한다. ·단항식의 곱셈과 나눗셈의 혼합 계산을 할 수 있게 한다.

다. 'Ⅱ. 식의 계산 - 2. 다항식의 계산'

소단원	학습 목표 및 지도상의 유의점
1) 다항식의 덧셈과 뺄셈	**< 학습 목표 >** ·다항식의 덧셈과 뺄셈의 원리를 이해하고, 그 계산을 할 수 있다.
	< 지도상의 유의점 > ·다항식에서 차수는 각 항의 차수 중에서 가장 큰 차수로 결정됨에 유의하여 지도한다. ·다항식의 덧셈과 뺄셈은 일차식의 덧셈과 뺄셈의 경우와 같이 동류항끼리만 계산하여 간단히 할 수 있음을 알게 한다. ·다항식의 뺄셈은 수의 뺄셈과 같이 빼는 식의 부호를 바꾸어 더함을 이해하게 한다.
2) 다항식의 곱셈과 나눗셈	**< 학습 목표 >** ·단항식과 다항식의 곱셈과 나눗셈의 원리를 이해하고, 그 계산을 할 수 있다.
	< 지도상의 유의점 > ·전개의 뜻은 (단항식) × (다항식)의 구체적인 예를 통하여 직관적으로 이해하게 한다. ·다항식을 단항식으로 나눌 때는 몫이 다항식이 되는 경우만 다룬다. ·식의 대입은 방정식 풀이 등의 문제해결의 도구 정도로만 다루고 복잡한 식의 변형이나 복잡한 식의 값의 계산은 다루지 않는다.

라. 'Ⅲ. 부등식과 방정식 - 1. 일차부등식'

소단원	학습 목표 및 지도상의 유의점
1) 부등식	**< 학습 목표 >** ·부등식과 그 해의 의미를 알고, 부등식의 성질을 이해한다.
	< 지도상의 유의점 > ·부등호 >, <, ≥, ≤의 뜻을 정확히 알게 하고, 다양한 상황을 부등호를 적절히 사용하여 부등식으로 나타낼 수 있게 한다. ·부등식의 미지수에 여러 가지 수를 대입하여 참, 거짓을 판단하게 함으로써 부등식의 해의 의미를 알게 하고, 주어진 범위에서 여러 개의 해가 나올 수 있음을 알게 한다. ·부등식의 성질과 등식의 성질을 비교하여 공통점과 차이점을 알게 한다.
2) 일차부등식	**< 학습 목표 >** ·일차부등식을 풀 수 있고, 이를 활용하여 문제를 해결할 수 있다.
	< 지도상의 유의점 > ·일차부등식의 풀이는 일차방정식의 풀이와 비슷하나 음수를 곱하거나 음수로 나눌 때는 부등호의 방향이 바뀌는 것에 유의하게 한다. ·부등식을 활용하여 실생활 문제를 해결하고 그 유용성과 편리함을 인식하게 한다. ·부등식의 해가 문제의 뜻에 맞는지 확인하게 한다.

마. 'Ⅲ. 부등식과 방정식 - 2. 연립일차방정식'

소단원	학습 목표 및 지도상의 유의점
1) 연립 일차 방정식	**< 학습 목표 >** ·미지수가 2개인 연립일차방정식과 그 해의 의미를 안다. **< 지도상의 유의점 >** ·다양한 상황에서 미지수를 정하고 이를 사용하여 식으로 표현함으로써 미지수가 2개인 일차방정식의 의미를 이해하게 한다. ·미지수가 2개인 일차방정식 $ax+by+c=0$에서 $a \neq 0, b \neq 0$이어야 함에 유의하도록 지도한다. ·미지수가 2개인 일차방정식의 해를 자연수 범위에서 구해보면서 중학교 1학년에서 배운 일차방정식과 달리 해가 여러 개일 수 있음을 알게 한다.
2) 연립 방정식의 풀이	**< 학습 목표 >** ·미지수가 2개인 연립일차방정식을 풀 수 있고, 이를 활용하여 문제를 해결할 수 있다. **< 지도상의 유의점 >** ·연립방정식을 여러 가지 방법으로 풀어 보면서 더 나은 풀이 방법을 찾고 설명해 보게 한다. ·연립방정식을 활용하여 실생활 문제를 해결하고 그 유용성과 편리함을 인식하게 한다. ·연립방정식의 해가 문제의 뜻에 맞는지 확인하게 한다.

바. 'Ⅳ. 함수 - 1. 일차함수와 그래프'

소단원	학습 목표 및 지도상의 유의점
1) 함수	**< 학습 목표 >** ·함수의 개념을 이해한다. **< 지도상의 유의점 >** ·함수의 개념은 다양한 상황에서 한 양이 변함에 따라 다른 양이 하나씩 정해지는 두 양 사이의 대응 관계를 이용하여 도입한다. 이때 대응의 의미는 직관적인 수준에서 다룬다. ·중학교에서는 집합을 다루지 않으므로 정의역, 공역, 치역이라는 용어를 사용하지 않는다. ·함수의 표현 $f(x)$와 x에 구체적인 수를 대입하여 얻은 함숫값 $f(x)$를 구분할 수 있게 한다.
2) 일차 함수와 그 그래프	**< 학습 목표 >** ·일차함수의 의미를 이해하고, 그 그래프를 그릴 수 있다. **< 지도상의 유의점 >** ·일차함수 $y=f(x)$에서 y는 x에 대한 함수이고, $f(x)$는 일차식임을 이해하게 한다. ·일차함수 $y=ax+b$ (단, a, b는 상수, $a \neq 0$)에서 x의 값의 범위가 모든 수일 때, 그 그래프가 직선이 됨을 직관적으로 이해하게 한다. ·일차함수의 그래프의 기울기는 그래프 위의 어떤 두 점을 잡아도 항상 일정함을 이해하게 한다.
3) 일차 함수의 그래프의 성질	**< 학습 목표 >** ·일차함수의 그래프의 성질을 이해하고, 이를 활용하여 문제를 해결할 수 있다. **< 지도상의 유의점 >** ·여러 가지 일차함수의 그래프를 관찰하여 공통점과 차이점을 찾게 하고 일차함수의 그래프의 성질을 학생 스스로 찾을 수 있게 한다. ·일차함수의 그래프를 그리고 여러 가지 성질을 탐구할 때 공학적 도구를 이용할 수 있다. ·일차함수의 식을 구하는 것은 $y=ax+b$에서 a와 b의 값을 구하는 것임을 이해하게 하고 경우에 따라 편리한 방법을 선택하여 사용할 수 있게 한다.

사. 'Ⅳ. 함수 - 2. 일차함수와 일차방정식의 관계'

소단원	학습 목표 및 지도상의 유의점
1) 일차 함수와 일차 방정식	**< 학습 목표 >** ·일차함수와 미지수가 2개인 일차방정식의 관계를 이해한다. **< 지도상의 유의점 >** ·미지수가 2개인 일차방정식의 해 (x, y)를 좌표로 하는 점을 좌표평면 위에 나타낸 것이 그 방정식이 그래프임을 이해하게 한다. 이때 x, y의 값의 범위는 모든 수이면 그 그래프는 직선이 됨을 직관적으로 이해하게 한다. ·방정식 $x=p$, $y=q$의 그래프는 일차함수의 그래프가 아님에 유의하여 지도한다.
2) 일차 함수의 그래프와 연립일차 방정식	**< 학습 목표 >** ·두 일차함수의 그래프와 연립일차방정식의 관계를 이해한다. **< 지도상의 유의점 >** ·두 일차함수의 그래프와 연립일차방정식의 관계를 이해하게 한다. ·연립일차방정식의 해를 좌표평면 위의 두 직선의 위치 관계와 관련하여 이해하게 한다.

아. 'Ⅴ. 도형의 성질 - 1. 삼각형의 성질'

소단원	학습 목표 및 지도상의 유의점
1) 이등변 삼각형의 성질	**< 학습 목표 >** ·이등변삼각형의 성질을 이해하고 설명할 수 있다. **< 지도상의 유의점 >** ·공학적 도구나 다양한 교구를 이용하여 도형을 그리거나 만들어 보는 활동을 통해 삼각형의 성질을 추론하고 토론할 수 있게 한다. ·삼각형의 성질을 정당화하는 과정에서 내용의 이해를 돕기 위하여 조건을 만족시키는 그림을 정확하게 그릴 수 있도록 한다. ·삼각형의 합동 조건을 이용하여 이등변삼각형의 성질을 논리적으로 설명할 수 있게 한다.
2) 직각 삼각형	**< 학습 목표 >** ·직각삼각형의 합동 조건을 이해하고 설명할 수 있다. **< 지도상의 유의점 >** ·직각삼각형의 합동 조건은 직각삼각형의 경우에만 성립함에 유의하게 한다. ·직각삼각형에서 한 예각의 크기를 알면 나머지 한 예각의 크기도 알 수 있음을 이해하게 한다. ·직각삼각형의 합동 조건을 이용하기 위해서는 두 직각삼각형의 빗변의 길이가 같아야 하고 빗변의 길이가 같지 않은 두 직각삼각형의 경우에는 일반적인 삼각형의 합동 조건을 사용해야 함을 알게 한다.
3) 삼각형의 외심과 내심	**< 학습 목표 >** ·삼각형의 외심과 내심의 성질을 이해하고 설명할 수 있다. **< 지도상의 유의점 >** ·삼각형의 종류에 관계없이 삼각형의 세 변의 수직이등분선과 세 내각의 이등분선이 각각 한 점에서 만남을 통하여 직관적으로 이해하게 한다. ·예각삼각형, 직각삼각형, 둔각삼각형의 외심의 위치를 각각 확인하게 한다. ·삼각형의 내심은 항상 삼각형의 내부에 있음을 알게 한다.

자. 'Ⅴ. 도형의 성질 - 2. 사각형의 성질'

소단원	학습 목표 및 지도상의 유의점
1) 평행사변형의 성질	< 학습 목표 > ·평행사변형의 성질을 이해하고 설명할 수 있다.
	< 지도상의 유의점 > ·공학적 도구나 다양한 교구를 이용하여 도형을 그리거나 만들어 보는 활동을 통해 사각형의 성질을 추론하고 토론할 수 있게 한다. ·삼각형의 합동 조건을 이용하여 평행사변형의 성질을 논리적으로 설명할 수 있게 한다. ·평행사변형의 성질과 평행사변형이 되는 조건이 성립함을 보이기 위하여 보조선이 필요함을 인식하게 하고 이를 적절히 사용할 수 있도록 지도한다.
2) 여러 가지 사각형의 성질	< 학습 목표 > ·여러 가지 사각형의 성질을 이해하고 설명할 수 있다.
	< 지도상의 유의점 > ·직사각형, 마름모, 정사각형은 평행사변형의 특수한 경우로 평행사변형에 여러 가지 조건을 추가하면 직사각형, 마름모, 정사각형이 됨을 알게 한다. ·정사각형은 직사각형이면서 동시에 마름모이므로 정사각형은 두 사각형의 성질을 모두 만족한다. 이를 이용하여 정사각형의 성질을 파악하도록 지도한다. ·사다리꼴에 점차 어떤 조건을 추가하면 평행사변형, 직사각형, 마름모, 정사각형이 되는지 관찰하게 한다.

차. 'Ⅵ. 도형의 닮음 - 1. 도형의 닮음'

소단원	학습 목표 및 지도상의 유의점
1) 도형의 닮음	< 학습 목표 > ·도형의 닮음의 의미와 닮은 도형의 성질을 이해한다.
	< 지도상의 유의점 > ·두 도형의 닮음을 기호 ∽를 사용하여 나타낼 수 있게 한다. 이때 두 도형의 꼭짓점은 대응하는 순서를 맞춰서 쓰게 한다. ·합동인 두 도형은 닮음비가 1:1인 닮은 도형임을 알게 한다. ·공학적 교구나 다양한 교구를 이용하여 닮음의 의미를 이해하게 한다.
2) 삼각형의 닮음 조건	< 학습 목표 > ·삼각형의 닮음 조건을 이해하고, 이를 이용하여 두 삼각형이 닮음인지 판별할 수 있다.
	< 지도상의 유의점 > ·삼각형의 닮음 조건을 이해하게 한다. ·삼각형의 닮음 조건을 이용하여 두 삼각형이 닮음인지 판별할 수 있게 한다.

카. 'Ⅵ. 도형의 닮음 - 2. 닮음의 응용'

소단원	학습 목표 및 지도상의 유의점
1) 평행선 사이의 선분의 길이의 비	**< 학습 목표 >** ·평행선 사이의 선분의 길이의 비를 구할 수 있다.
	< 지도상의 유의점 > ·삼각형의 닮음 조건과 닮은 도형의 성질을 바탕으로 삼각형의 한 변에 평행한 직선을 그을 때 생기는 선분의 길이의 비를 이해하게 한다. ·평행선 사이에 있는 선분의 길이의 비에 대한 성질은 평행선의 개수와는 관계없이 항상 성립함을 이해하게 한다. ·공학적 도구나 다양한 교구를 이용하여 도형을 그리거나 만들어 보는 활동을 통하여 도형의 성질을 추론하고 토론할 수 있게 한다.
2) 삼각형의 무게중심	**< 학습 목표 >** ·삼각형의 무게중심의 성질을 이해한다.
	< 지도상의 유의점 > ·'삼각형의 중점연결정리' 용어는 교수·학습 상황에서 사용할 수 있다. ·실험을 통해 삼각형의 무게중심의 뜻을 직관적으로 이해하게 한다. ·삼각형의 무게중심을 외심 또는 내심과 혼동하지 않도록 각각의 뜻과 성질을 다시 한 번 확인하여 차이점을 알게 한다.
3) 닮은 도형의 넓이와 부피	**< 학습 목표 >** ·닮음비를 이용하여 닮은 도형의 넓이의 비, 부피의 비를 구할 수 있다.
	< 지도상의 유의점 > ·닮은 도형의 넓이의 비와 부피의 비는 구체적인 예를 통하여 유추하고 이를 일반화한다.

타. 'Ⅶ. 피타고라스 정리 - 1. 피타고라스 정리'

소단원	학습 목표 및 지도상의 유의점
1) 피타고라스 정리	**< 학습 목표 >** ·피타고라스 정리를 이해하고 설명할 수 있다.
	< 지도상의 유의점 > ·피타고라스 정리는 공학적 도구나 다양한 교구를 이용하여 직관적으로 이용하게 한다. ·직각삼각형이 되기 위한 조건은 간단한 예를 통하여 직관적으로 이해하게 한다. ·'(다항식) × (다항식)'을 학습하기 전이므로 곱셈 공식을 이용하여 피타고라스 정리를 이해하는 활동은 할 수 없음을 유의하여 지도한다.

파. 'Ⅷ. 확률 - 1. 경우의 수'

소단원	학습 목표 및 지도상의 유의점
1) 경우의 수	< 학습 목표 > ·경우의 수를 구할 수 있다.
	< 지도상의 유의점 > ·경우의 수를 구할 때 수형도나 표를 이용하여 가능한 경우를 빠뜨리지 않고 모두 구할 수 있도록 지도한다. ·경우의 수는 두 경우의 수를 합하거나 곱하는 경우 정도로만 다루고 순열과 조합을 이용하면 쉽게 해결되는 등의 복잡한 경우의 수를 구하는 문제는 다루지 않는다.

하. 'Ⅷ. 확률 - 2. 확률'

소단원	학습 목표 및 지도상의 유의점
1) 확률	< 학습 목표 > ·확률의 개념과 그 기본 성질을 이해한다.
	< 지도상의 유의점 > ·확률은 실험이나 관찰을 통하여 구한 상대도수로서의 의미와 경우의 수의 비율로서의 의미를 연결하여 이해한다. ·경우의 수의 비율로 확률을 다룰 때, 각 경우가 발생할 가능성이 동등하다는 것을 가정한다는 점에 유의한다. ·확률이 가질 수 있는 값의 범위가 0이상 1이하임을 간단한 예를 통하여 이해하게 한 후 확률의 뜻과 연관 지어 명확히 알게 한다.
2) 확률의 계산	< 학습 목표 > ·여러 가지 사건이 일어날 확률을 구할 수 있다.
	< 지도상의 유의점 > ·동일한 실험이나 관찰에서 두 사건 A, B가 동시에 일어나지 않을 때, 사건 A 또는 사건 B가 일어날 확률은 각각의 확률의 합으로 구할 수 있음을 이해하게 한다. ·두 사건 A, B가 서로 영향을 끼치지 않을 때, 두 사건 A와 B가 동시에 일어날 확률은 각각의 확률의 곱으로 구할 수 있음을 이해하게 한다.

3. 중학교 3학년

가. ‘Ⅰ. 제곱근과 실수 - 1. 제곱근과 실수’

<table>
<tr><th>소단원</th><th>학습 목표 및 지도상의 유의점</th></tr>
<tr><td rowspan="2">1) 제곱근</td><td>< 학습 목표 >
·제곱근의 뜻을 알고, 그 성질을 이해한다.</td></tr>
<tr><td>< 지도상의 유의점 >
·제곱하여 음수가 되는 경우는 실수의 범위를 벗어나므로 음수의 제곱근은 다루지 않는다.
·근호는 처음 배우는 기호이므로 그 의미를 분명하게 알고, 익숙하게 사용할 수 있도록 지도한다.
·제곱근의 대소는 정사각형의 넓이와 한 변의 길이를 이용하여 직관적으로 비교할 수 있게 한다.</td></tr>
<tr><td rowspan="2">2) 무리수와 실수</td><td>< 학습 목표 >
·무리수의 개념을 이해한다.</td></tr>
<tr><td>< 지도상의 유의점 >
·한 변의 길이가 1인 정사각형의 대각선의 길이 등을 이용하여 무리수의 존재를 직관적으로 이해하게 한다.
·순환소수가 아닌 무한소수를 통하여 무리수의 뜻을 알게 하고, 이를 바탕으로 실수를 이해하도록 지도한다.
·근호를 사용하여 나타낸 수 중에서 무리수가 아닌 수도 있음에 유의하도록 지도한다.</td></tr>
<tr><td rowspan="2">3) 실수의 대소 관계</td><td>< 학습 목표 >
·실수의 대소 관계를 판단할 수 있다.</td></tr>
<tr><td>< 지도상의 유의점 >
· $\sqrt{5}$ 를 수직선 위에 나타내는 방법을 그림을 이용하여 충분히 이해하게 한다. 이때 피타고라스 정리를 이용하면 무리수를 수직선 위에 나타낼 수 있음을 이해하게 한다.
·수직선은 유리수와 무리수, 즉 실수에 대응하는 점들로 완전히 메울 수 있음을 직관적으로 이해하게 한다.
·실수의 대소 관계도 유리수의 대소 관계와 마찬가지로 수직선 위에서 오른쪽에 있는 점에 대응하는 수가 왼쪽에 있는 점에 대응하는 수보다 크다는 것을 알게 한다.</td></tr>
</table>

나. ‘Ⅰ. 제곱근과 실수 - 2. 근호를 포함한 식의 계산’

소단원	학습 목표 및 지도상의 유의점
1) 근호를 포함한 식의 곱셈과 나눗셈	< 학습 목표 > ·근호를 포함한 식의 곱셈과 나눗셈을 할 수 있다.
	< 지도상의 유의점 > ·제곱근의 곱셈과 나눗셈을 설명할 때, 구체적인 예를 들어 이해하게 한 후 문자를 사용하여 일반화한다. ·분모의 유리화를 지도할 때, 분모가 무리수인 수와 유리수인 수의 차이점을 알게 하여 분모의 유리화의 필요성을 인식하게 한다. ·사칙계산 이외의 이항 연산 문제는 다루지 않는다.
2) 근호를 포함한 식의 덧셈과 뺄셈	< 학습 목표 > ·근호를 포함한 식의 덧셈과 뺄셈을 할 수 있다.
	< 지도상의 유의점 > ·근호를 포함한 식의 덧셈, 뺄셈을 다항식의 덧셈, 뺄셈과 비교하여 설명하고, 근호 안의 수가 같은 것을 동류항처럼 생각하여 계산하게 한다. ·사칙계산 이외의 이항 연산 문제는 다루지 않는다. ·사칙계산이 혼합되어 있는 제곱근의 계산은 제곱근의 성질이나 분모의 유리화를 이용하여 각 항을 간단히 한 후 계산할 수 있게 한다.

다. ‘Ⅱ. 다항식의 곱셈과 인수분해 - 1. 다항식의 곱셈’

소단원	학습 목표 및 지도상의 유의점
1) 다항식의 곱셈	< 학습 목표 > ·다항식의 곱셈을 할 수 있다.
	< 지도상의 유의점 > ·분배법칙을 이용하여 (다항식) × (다항식)을 전개하는 방법을 알게 한다. ·여러 가지 곱셈 공식을 사각형의 넓이나 대수 박대를 이용하여 시각적으로 이해할 수 있도록 지도한다. ·다항식을 전개할 때, 동류항이 있으면 동류항끼리 모아서 간단히 정리하게 한다.

라. ‘Ⅱ. 다항식의 곱셈과 인수분해 - 2. 다항식의 인수분해’

소단원	학습 목표 및 지도상의 유의점
1) 다항식의 인수분해	**< 학습 목표 >** ·다항식의 인수분해를 할 수 있다. **< 지도상의 유의점 >** ·수에 대한 소인수분해가 다항식으로 확장될 수 있음을 이해하게 한다. ·다항식의 곱의 전개와 다항식의 인수분해의 역관계를 이해하게 하고, 이와 유사한 관계를 찾아보는 활동을 하게 할 수 있다. ·인수분해를 할 때는 공통인수가 남지 않게 모두 묶어 내도록 지도한다.
2) 인수분해 공식	**< 학습 목표 >** ·인수분해 공식을 이용하여 인수분해를 할 수 있다. **< 지도상의 유의점 >** ·인수분해 공식은 곱셈 공식의 좌변과 우변을 서로 바꾸어 놓은 관계임을 이해하게 한다. ·인수분해를 할 때는 인수분해 공식을 바로 적용할 수 있는 간단한 형태를 주로 다루고 지나치게 복잡한 형태의 인수분해는 다루지 않는다.

마. ‘Ⅲ. 이차방정식 - 1. 이차방정식’

소단원	학습 목표 및 지도상의 유의점
1) 이차방정식	**< 학습 목표 >** ·이차방정식의 의미를 안다. **< 지도상의 유의점 >** ·다양한 상황을 통하여 이차방정식을 도입한다. ·이차방정식 $ax^2+bx+c=0$에서 $a \neq 0$임에 유의하도록 지도한다. ·이차방정식은 해가 실수인 경우만 다룬다.
2) 인수분해를 이용한 이차방정식의 풀이	**< 학습 목표 >** ·인수분해를 이용하여 이차방정식을 풀 수 있다. **< 지도상의 유의점 >** ·두 수 또는 두 식 A, B에 대하여 ‘$AB=0$’과 ‘$A=0$ 또는 $B=0$’의 필요충분조건인 관계를 이해시키기보다는 직관적으로 알게 한다. ·인수분해를 이용한 이차방정식의 풀이는 계수가 유리수 범위에서 인수분해되고 인수분해 공식을 이용하는 정도의 간단한 경우만 다룬다.
3) 이차방정식의 근의 공식	**< 학습 목표 >** ·근의 공식을 이용하여 이차방정식을 풀 수 있고, 이차방정식을 활용하여 문제를 해결할 수 있다. **< 지도상의 유의점 >** ·$k \geq 0$일 때, 이차방정식 $x^2=k$의 해는 $x=\pm\sqrt{k}$임을 알게 하고, $k<0$인 경우는 다루지 않는다. ·이차방정식 $ax^2+b+c=0$은 해가 실수인 경우만 다루므로 $b^2-4ac \geq 0$인 경우만 다룬다. ·이차방정식 $ax^2+b+c=0$에서 b가 짝수인 경우의 근의 공식은 다루지 않는다.

바. 'Ⅳ. 이차함수 - 1. 이차함수와 그래프'

소단원	학습 목표 및 지도상의 유의점
1) 이차 함수	< 학습 목표 > ·이차함수의 의미를 이해한다.
	< 지도상의 유의점 > ·다양한 상황을 이용하여 이차함수의 의미를 다룬다. ·$y=ax^2+bx+c$ (단, a, b, c는 상수, $a\neq 0$)로 나타나는 함수가 이차함수임을 설명한다. 이때 $a\neq 0$이어야 함에 유의하도록 지도한다. ·이차함수 $y=ax^2$ (단, a는 상수, $a\neq 0$)은 y가 x의 제곱에 비례하는 관계임을 알게 한다.
2) 이차 함수 $y=ax^2$ 의 그래프	< 학습 목표 > ·이차함수 $y=ax^2$의 그래프를 그릴 수 있고, 그 성질을 이해한다.
	< 지도상의 유의점 > ·이차함수 $y=x^2$의 그래프를 그릴 때 y축에 대하여 대칭이 되도록 그리고, 원점 부근을 뾰족하게 그리지 않아야 함에 유의하게 한다. ·이차함수의 그래프를 그리고 여러 가지 성질을 탐구할 때, 공학적 도구를 이용할 수 있다. ·포물선을 이차곡선으로 설명하지 않도록 하고, '이차함수 $y=ax^2$의 그래프와 같은 모양의 곡선'으로 설명한다.
3) 이차 함수 $y=a(x-p)^2+q$의 그래프	< 학습 목표 > ·이차함수 $y=a(x-p)^2+q$의 그래프를 그릴 수 있고, 그 성질을 이해한다.
	< 지도상의 유의점 > ·이차함수 $y=ax^2$의 그래프를 이용하여 이차함수 $y=ax^2+q$, $y=a(x-p)^2$, $y=a(x-p)^2+q$의 그래프를 그릴 수 있게 한다. ·이차함수 $y=a(x-p)^2+q$의 그래프는 이차함수 $y=ax^2$의 그래프를 x축의 방향으로 p만큼, y축의 방향으로 q만큼 평행이동한 것이므로 두 그래프의 폭과 모양은 변하지 않으나 축과 꼭짓점의 좌표는 달라짐에 유의하게 한다.
4) 이차 함수 $y=ax^2+bx+c$의 그래프	< 학습 목표 > ·이차함수 $y=ax^2+bx+c$의 그래프를 그릴 수 있고, 그 성질을 이해한다.
	< 지도상의 유의점 > ·이차함수 $y=ax^2+bx+c$의 그래프를 그릴 때 함수의 식을 $y=a(x-p)^2+q$의 꼴로 고쳐서 그리면 편리함을 알게 한다. ·이차함수 $y=ax^2+bx+c$에서 식을 변형하는 과정이 지나치게 복잡하지 않도록 한다.

사. 'Ⅴ. 삼각비 - 1. 삼각비'

소단원	학습 목표 및 지도상의 유의점
1) 삼각비	< 학습 목표 > ·삼각비의 뜻을 안다.
	< 지도상의 유의점 > ·직각삼각형의 크기에 관계없이 크기가 같은 각의 삼각비의 값은 항상 일정함을 알게 한다. ·삼각비 사이의 관계는 다루지 않는다.
2) 삼각비의 값	< 학습 목표 > ·간단한 삼각비의 값을 구할 수 있다.
	< 지도상의 유의점 > ·삼각비의 값은 0°에서 90°까지의 각도에 대한 것만 다룬다. ·30°, 45°, 60°의 삼각비의 값은 단순한 암기보다는 구하는 과정을 통하여 이해하도록 지도한다. ·삼각함수의 그래프는 다루지 않는다.

아. 'Ⅴ. 삼각비 - 2. 삼각비의 활용'

소단원	학습 목표 및 지도상의 유의점
1) 길이 구하기	< 학습 목표 > ·삼각비를 활용하여 길이를 구하는 여러 가지 문제를 해결할 수 있다.
	< 지도상의 유의점 > ·실생활 문제는 문제 상황에 맞도록 직각삼각형을 만들어 삼각비를 활용할 수 있게 한다. 이때 예각삼각형이나 둔각삼각형의 경우 보조선을 그어 직각삼각형으로 나눌 수 있도록 한다. ·삼각비를 활용하여 직접 측정하기 어려운 거리나 높이 등을 구해 보는 활동을 통해 그 유용성을 인식하게 한다. ·삼각비의 표의 값은 대부분 어림한 값이므로 이를 이용하여 구한 길이, 거리, 높이 등도 대부분 어림한 값임을 알게 한다.
2) 넓이 구하기	< 학습 목표 > ·삼각비를 활용하여 넓이를 구하는 여러 가지 문제를 해결할 수 있다.
	< 지도상의 유의점 > ·삼각형에서 두 변의 길이와 그 끼인각의 크기를 알 때, 삼각비를 활용하여 높이를 구하고 넓이를 구할 수 있음을 알게 한다. ·삼각비를 활용하여 삼각형의 넓이를 구해보는 활동을 통하여 그 유용성을 인식하게 한다. ·여러 가지 사각형의 넓이는 주어진 사각형을 삼각형으로 나누어 각 삼각형의 넓이의 합으로 구할 수 있음을 알게 한다.

자. 'Ⅵ. 원의 성질 - 1. 원과 직선'

소단원	학습 목표 및 지도상의 유의점
1) 원의 현	**< 학습 목표 >** ·원의 현에 관한 성질을 이해한다. **< 지도상의 유의점 >** ·원의 중심과 현의 수직이등분선 사이의 관계, 원의 중심에서 현까지의 거리와 현의 길이 사이의 관계는 먼저 직관적으로 이해하게 한 후 다양한 방법으로 설명할 수 있게 한다. ·현의 수직이등분선의 성질을 이용하여 원의 중심을 찾을 수 있음을 알게 한다. ·원의 접선은 그 접점을 지나는 반지름과 직교함을 알게 한다.
2) 원의 접선	**< 학습 목표 >** ·원의 접선에 관한 성질을 이해한다. **< 지도상의 유의점 >** ·원의 접선과 그 접점을 지나는 반지름이 수직임을 중학교 2학년에서 배운 내용이므로 내용을 확인하는 정도로 지도한다. ·한 원에 그을 수 있는 접선은 무수히 많지만 원 밖의 한 점에서 그 원에 그을 수 있는 접선을 2개뿐임을 직관적으로 이해하게 한다.

차. 'Ⅵ. 원의 성질 - 2. 원주각'

소단원	학습 목표 및 지도상의 유의점
1) 원주각의 성질	**< 학습 목표 >** ·원주각의 성질을 이해한다. **< 지도상의 유의점 >** ·원주각은 특별한 언급이 없으면 반원보다 작은 호에 대하여 생각함에 유의하게 한다. ·원주각의 크기가 호의 길이에 정비례함은 원주각과 중심각 사이의 관계를 이용하여 이해하게 한다. ·한 원에서와 마찬가지로 합동인 두 원에서도 원주각의 크기와 호의 길이 사이의 관계가 성립함을 알게 한다.
2) 원주각의 활용	**< 학습 목표 >** ·원주각의 성질을 활용할 수 있다. **< 지도상의 유의점 >** ·한 쌍의 대각의 크기의 합이 180°인 사각형이 원에 내접함을 보일 때 네 점이 한 원 위에 있을 조건을 이용하여 설명한다. ·'사각형이 원에 내접한다.'와 '네 점이 한 원 위에 있다.'는 같은 의미임을 알게 한다. ·'원의 접선과 현이 이루는 각'과 '그 각의 내부에 있는 호에 대한 원주각'의 의미를 정확히 파악할 수 있게 한다.

카. 'Ⅶ. 통계 - 1. 대푯값과 산포도'

소단원	학습 목표 및 지도상의 유의점
1) 대푯값	**< 학습 목표 >** ·평균, 중앙값, 최빈값의 의미를 이해하고, 이를 구할 수 있다.
	< 지도상의 유의점 > ·실생활에서 자료를 수집하게 하고, 수집한 자료가 적절한지 판단하는 활동을 하게 한다. ·자료의 특성에 따라 적절한 대푯값을 선택하여 구해보고, 각 대푯값이 어떤 상황에서 유용하게 사용될 수 있는지 토론해보게 한다. ·공학적 도구를 이용하여 대푯값을 구할 수 있게 지도한다.
2) 산포도	**< 학습 목표 >** ·분산과 표준편차의 의미를 이해하고, 이를 구할 수 있다.
	< 지도상의 유의점 > ·평균은 자료 전체의 특징을 대표하는 값이지만, 평균만으로는 자료의 분포 상태를 알 수 없음을 예를 통하여 이해하게 한다. ·분산과 표준편차는 평균을 중심으로 변량이 흩어져 있는 정도를 나타내는 값임을 알게 한다. ·분산과 표준편차를 구할 때는 공학적 도구를 이용할 수 있게 한다.

타. 'Ⅶ. 통계 - 2. 상관관계'

소단원	학습 목표 및 지도상의 유의점
1) 산점도와 상관관계	**< 학습 목표 >** ·자료를 산점도로 나타내고, 이를 이용하여 상관관계를 말할 수 있다.
	< 지도상의 유의점 > ·구체적인 예를 통하여 산점도를 그려 보고 상관관계의 뜻을 알도록 지도한다. ·상관관계는 양의 상관관계, 음의 상관관계, 상관관계가 없는 경우로 구분하여 다룬다. ·두 변량 사이의 상관관계를 수량으로 나타낸 상관관계는 다루지 않는다.

4. 고등학교 1학년

가. Ⅰ. 다항식 - 1. 다항식의 연산'

소단원	학습 목표 및 지도상의 유의점
1) 다항식의 덧셈과 뺄셈	**< 학습 목표 >** ·다항식의 덧셈과 뺄셈을 할 수 있다. **< 지도상의 유의점 >** ·다항식을 한 문자에 대한 차수의 크기순으로 정리하여 내림차순이나 오름차순으로 나타내게 한다. ·다항식의 덧셈과 뺄셈은 동류항끼리 모아서 정리함을 알게 한다. ·다항식의 덧셈에서도 교환법칙, 결합법칙이 성립함을 설명한다.
2) 다항식의 곱셈과 나눗셈	**< 학습 목표 >** ·다항식의 곱셈과 나눗셈을 할 수 있다. **< 지도상의 유의점 >** ·다항식의 곱셈에 대한 교환법칙, 결합법칙, 분배법칙은 구체적인 예를 통하여 확인하게 한다. ·다항식의 곱셈은 곱셈 공식을 이용하여 계산하는 것이 편리함을 알게 한다. ·다항식의 나눗셈에서 나머지의 차수는 나누는 식의 차수보다 낮음을 이해하게 한다.

나. 'Ⅰ. 다항식 - 2. 나머지정리와 인수분해'

소단원	학습 목표 및 지도상의 유의점
1) 항등식	**< 학습 목표 >** ·항등식의 성질을 이해한다. **< 지도상의 유의점 >** ·어떤 등식이 x에 대한 항등식이면 x에 어떤 값을 대입해도 등식이 항상 성립함을 이해하게 한다. ·미정계수법을 사용할 때는 계수 비교법과 수치 대입법 중 효율적인 것을 사용하도록 한다. ·수치 대입법을 사용하여 항등식의 계수를 구할 때는 어떤 수를 대입하여도 상관없음을 알게 한다.
2) 나머지정리	**< 학습 목표 >** ·나머지정리의 의미를 이해하고, 이를 활용하여 문제를 해결할 수 있다. **< 지도상의 유의점 >** ·나머지정리를 항등식의 뜻과 성질로부터 유도할 수 있게 한다. ·나머지정리는 다항식을 일차식으로 나눌 때 사용할 수 있음을 이해하게 한다. ·인수정리는 나머지정리의 특수한 경우임을 이해하게 한다.
3) 인수분해	**< 학습 목표 >** ·다항식의 인수분해를 할 수 있다. **< 지도상의 유의점 >** ·곱셈 공식의 역과정으로 인수분해 공식을 이해할 수 있게 한다. ·다항식의 인수분해는 특별한 언급이 없으면 유리수 계수의 범위에서 하는 것으로 한다. ·인수분해는 주어진 다항식을 그보다 차수가 낮으면서 더이상 분해되지 않는 다항식들의 곱으로 나타내는 것임을 이해하게 한다.

다. ‘Ⅱ. 방정식과 부등식 - 1. 복소수와 이차방정식’

소단원	학습 목표 및 지도상의 유의점
1) 복소수와 그 연산	**< 학습 목표 >** ·복소수의 뜻과 성질을 이해하고 사칙연산을 할 수 있다. **< 지도상의 유의점 >** ·복소수가 서로 같을 조건은 두 복소수의 실수부분과 허수부분이 각각 같은 것임을 알게 한다. ·복소수의 덧셈과 뺄셈에서는 허수단위 i를 문자와 같이 생각하여 다항식의 덧셈, 뺄셈과 같은 방법으로 계산함을 알게 한다. ·복소수의 곱셈과 허수단위 i를 문자와 같이 생각하여 다항식의 곱셈과 같이 전개하고 $i^2=-1$임을 이용하여 정리함을 알게 한다.
2) 이차방정식의 근과 판별식	**< 학습 목표 >** ·이차방정식의 실근과 허근의 뜻을 안다. ·이차방정식에서 판별식의 의미를 이해하고 이를 설명할 수 있다. **< 지도상의 유의점 >** ·완전제곱식이나 근의 공식을 이용하면 계수가 실수인 모든 이차방정식은 복소수의 범위에서 해를 구할 수 있음을 이해하게 한다. ·계수가 실수인 이차방정식은 복소수의 범위에서 항상 두 근을 갖고, 허근인 경우 두 근은 서로 켤레복소수임을 근의 공식을 이용하여 이해하게 한다. ·이차방정식에서 근을 직접 구하지 않고도 판별식을 이용하여 근을 판별할 수 있음을 알게 하고, 중근은 서로 같은 두 실근임을 이해하게 한다.
3) 이차방정식의 근과 계수의 관계	**< 학습 목표 >** ·이차방정식의 근과 계수의 관계를 이해한다. **< 지도상의 유의점 >** ·이차방정식의 두 근의 합과 곱을 근을 직접 구하지 않고 계수를 이용하여 구하는 방법을 알게 한다. ·두 수를 근으로 하는 이차방정식을 구할 때는 x^2의 계수가 1인 경우만 다루도록 한다. ·인수분해를 이용한 이차방정식의 풀이 방법을 거꾸로 생각하여 두 수를 근으로 하는 이차방정식을 유도하도록 한다.

라. ‘Ⅱ. 방정식과 부등식 - 2. 이차방정식과 이차함수’

소단원	학습 목표 및 지도상의 유의점
1) 이차 방정식과 이차함수의 관계	< 학습 목표 > ·이차방정식과 이차함수의 관계를 이해한다. < 지도상의 유의점 > ·이차함수의 그래프와 x축의 교점의 x좌표가 이차방정식의 실근과 같음을 알게 한다. ·이차방정식과 이차함수의 관계는 이차방정식의 실근의 개수와 이차함수의 그래프와 x축의 교점의 개수의 관계를 이해하는 수준에서 다룬다. ·이차함수의 그래프가 x축과 만나지 않는 경우를 설명 함으로써 이차방정식의 허근을 생각할 수 있게 한다.
2) 이차함수의 그래프와 직선의 위치 관계	< 학습 목표 > ·이차함수의 그래프와 직선의 위치 관계를 이해한다. < 지도상의 유의점 > ·이차함수의 그래프와 직선의 위치 관계는 그림을 통해 직관적으로 이해하게 한다. ·이차함수의 그래프와 직선의 교점의 좌표는 이차함수의 식과 직선의 방정식을 연립하여 구한 해임을 알게 한다.
3) 이차함수의 최대, 최소	< 학습 목표 > ·이차함수의 최대, 최소를 이해하고, 이를 활용하여 문제를 해결할 수 있다. < 지도상의 유의점 > ·이차함수의 그래프를 이용하여 최댓값과 최솟값의 정의를 직관적으로 이해하게 한다. ·제한된 범위에서 이차함수의 최댓값과 최솟값을 구할 때는 그래프의 꼭짓점의 x좌표가 주어진 범위에 속하는지의 여부에 따라 구할 수 있도록 한다. ·x의 값의 범위에 따라 이차함수의 최댓값과 최솟값이 달라질 수 있음을 알게 한다.

마. ‘Ⅱ. 방정식과 부등식 - 3. 여러 가지 방정식’

소단원	학습 목표 및 지도상의 유의점
1) 삼차 방정식과 사차 방정식	< 학습 목표 > ·간단한 삼차방정식과 사차방정식을 풀 수 있다. < 지도상의 유의점 > ·삼차방정식과 사차방정식은 인수분해를 이용하여 간단히 풀 수 있는 것만 다룬다. ·인수분해를 할 때는 인수정리와 조립제법을 이용하는 경우가 일반적임을 알게 한다. ·실생활 문제에서는 구하고자 하는 것을 미지수로 놓고 문제의 조건에 적합한 방정식을 세운 후, 주어진 상황에 맞는 해를 결정할 수 있게 한다.
2) 연립 이차 방정식	< 학습 목표 > ·미지수가 2개인 연립이차방정식을 풀 수 있다. < 지도상의 유의점 > ·계산이 지나치게 복잡한 경우는 다루지 않도록 한다. ·연립방정식은 해는 무수히 많을 수도 있고 없을 수도 있음을 유의하게 한다. ·미지수가 2개인 연립이차방정식은 일차식과 이차식이 각각 한 개씩 주어진 경우, 두 이차식 중 한 이차식이 간단히 인수분해되는 경우만 다루도록 한다.

바. ‘Ⅱ. 방정식과 부등식 - 4. 여러 가지 부등식’

소단원	학습 목표 및 지도상의 유의점
1) 일차 부등식	< 학습 목표 > ·미지수가 1개인 연립일차부등식과 절댓값 기호를 포함한 부등식을 풀 수 있다.
	< 지도상의 유의점 > ·부등식의 해를 수직선 위에 나타내는 방법을 이해하게 한다. ·연립일차부등식은 미지수가 1개인 경우만 다룬다. ·$A<B<C$의 꼴의 부등식은 $\begin{cases} A<B \\ B<C \end{cases}$ 의 연립부등식으로 고쳐서 풀도록 한다. 이때 $\begin{cases} A<B \\ A<C \end{cases}$ 또는 $\begin{cases} A<C \\ B<C \end{cases}$ 의 꼴로 고쳐서 풀지 않도록 주의하게 한다.
2) 이차 부등식	< 학습 목표 > ·이차부등식과 이차함수의 관계를 이해하고, 이차부등식과 연립이차부등식을 풀 수 있다.
	< 지도상의 유의점 > ·이차부등식의 해를 구하는 과정에서 이차함수의 그래프와 x축의 위치 관계를 이용할 수 있도록 한다. ·이차부등식의 해가 없는 경우와 해가 모든 실수인 경우를 이차함수의 그래프를 이용하여 이해하게 한다. ·이차부등식을 풀 때는 모든 항을 좌변으로 이항하여 정리한 후, 이차항의 계수가 양수가 아닌 경우에는 양변에 적당한 음수를 곱하여 이차항의 계수를 양수로 고쳐서 풀도록 한다. 이때 부등호의 방향에 주의하도록 한다.

사. ‘Ⅲ. 도형의 방정식 - 1. 평면좌표’

소단원	학습 목표 및 지도상의 유의점
1) 두 점 사이의 거리	< 학습 목표 > ·두 점 사이의 거리를 구할 수 있다.
	< 지도상의 유의점 > ·피타고라스 정리를 이용하여 좌표평면 위의 두 점 사이의 거리를 구하는 방법을 유도하게 한다. ·공식을 단순히 암기하는 것보다는 공식이 유도되는 과정을 이해하여 공식을 사용하지 않더라도 두 점 사이의 거리를 구할 수 있게 한다. ·$\sqrt{(x_2-x_1)^2+(y_2-y_1)^2}$ 과 $\sqrt{(x_1-x_2)^2+(y_1-y_2)^2}$ 이 서로 같음을 이해하게 한다.
2) 선분의 내분점과 외분점	< 학습 목표 > ·선분의 내분과 외분을 이해하고, 내분점과 외분점의 좌표를 구할 수 있다.
	< 지도상의 유의점 > ·선분을 $m:n$으로 내분 또는 외분한다고 할 때, m과 n은 모두 양수임에 유의하도록 한다. ·선분 AB의 내분점은 선분 AB 위의 점이고, 선분 AB의 외분점은 선분 AB의 연장선 위의 점임을 알게 한다. ·선분 AB를 $m:n$으로 외분하는 점은 $m>n$일 때는 선분 AB의 B쪽 연장선 위에 있고, $m<n$일 때는 선분 AB의 A쪽 연장선 위에 있음을 이해하게 한다.

아. 'Ⅲ. 도형의 방정식 - 2. 직선의 방정식'

소단원	학습 목표 및 지도상의 유의점
1) 직선의 방정식	< 학습 목표 > ·직선의 방정식을 구할 수 있다. < 지도상의 유의점 > ·점 (x_1, y_1)을 지나고 y축에 평행 또는 x축에 수직인 직선은 기울기가 정의되지 않음을 알게 하고, 직선의 방정식은 $x=x_1$로 나타내어짐을 이해하게 한다. ·x축의 방정식은 $y=0$, y축의 방정식은 $x=0$임을 알게 한다.
2) 두 직선의 평행과 수직	< 학습 목표 > ·두 직선의 평행 조건과 수직 조건을 이해한다. < 지도상의 유의점 > ·두 직선이 평행할 조건을 구체적인 예를 통하여 이해하게 하고, 일치할 조건과 구분하도록 한다. ·두 직선이 수직일 조건을 구하는 과정을 이해하게 하고, 일치할 조건과 구분하도록 한다.
3) 점과 직선 사이의 거리	< 학습 목표 > ·점과 직선 사이의 거리를 구할 수 있다. < 지도상의 유의점 > ·좌표평면 위의 한 점과 그 점을 지나지 않는 직선 사이의 거리는 점에서 직선에 내린 수선의 발까지의 거리, 즉 점과 직선 사이의 최단 거리임을 이해하게 한다. ·점과 직선 사이의 거리는 두 직선의 수직 조건을 이용하여 구할 수 있음을 이해하게 한다. ·평행한 두 직선 사이의 거리는 한 직선 위의 한 점과 다른 직선 사이의 거리를 구하는 것임을 이해하게 한다.

자. 'Ⅲ. 도형의 방정식 - 3. 원의 방정식'

소단원	학습 목표 및 지도상의 유의점
1) 원의 방정식	< 학습 목표 > ·원의 방정식을 구할 수 있다. < 지도상의 유의점 > ·원의 정의와 두 점 사이의 거리 공식을 이용하여 원의 방정식을 유도한다. ·원의 방정식의 일반형 $x^2+y^2+Ax+By+C=0$에서 표준형 $(x-a)^2+(y-b)^2=r^2$으로 변형하는 방법을 충분히 익히도록 지도한다.
2) 원과 직선의 위치 관계	< 학습 목표 > ·좌표평면에서 원과 직선의 위치 관계를 이해한다. < 지도상의 유의점 > ·원의 반지름의 길이와 원의 중심과 직선 사이의 거리의 대소에 따른 원과 직선의 위치 관계는 그림을 통해 이해하게 한다. ·원과 직선의 위치 관계는 원의 방정식과 직선의 방정식을 연립하여 얻은 이차방정식의 판별식의 부호와 관련 있음을 설명한다. ·원 밖의 한 점에서 원에 그은 접선은 두 개임을 이해하게 한다.

차. 'Ⅲ. 도형의 방정식 - 4. 도형의 이동'

소단원	학습 목표 및 지도상의 유의점
1) 평행 이동	**< 학습 목표 >** ·평행이동의 의미를 이해한다. **< 지도상의 유의점 >** ·점, 직선, 원은 평행이동에 의하여 각각 점, 직선, 원이 됨을 이해하게 한다. ·도형의 방정식을 $f(x, y)=0$으로 나타내는 것을 예를 통하여 이해하고 이를 활용할 수 있게 한다.
2) 대칭 이동	**< 학습 목표 >** ·원점, x축, y축, 직선 $y=x$에 대한 대칭이동의 의미를 이해한다. **< 지도상의 유의점 >** ·원점에 대한 대칭이동과 직선 $y=x$에 대한 대칭이동을 혼동하지 않도록 주의하게 한다. ·대칭이동은 x축, y축, 원점 및 직선 $y=x$에 대한 대칭이동에 대해서만 지도한다. ·직선 $y=x$에 대한 대칭이동은 좌표가 변하는 과정이 다소 복잡하므로 구체적인 예를 통하여 이해하게 한다.

카. 'Ⅳ. 집합과 명제 - 1. 집합'

소단원	학습 목표 및 지도상의 유의점
1) 집합	**< 학습 목표 >** ·집합의 개념을 이해하고, 집합을 표현할 수 있다. **< 지도상의 유의점 >** ·집합을 원소나열법, 조건제시법, 벤다이어그램으로 표현할 수 있도록 지도한다. ·공집합도 집합임을 이해하게 한다. ·원소의 개수는 유한집합에서만 생각하고, $\varnothing$과 $\{0\}$을 혼동하지 않도록 지도한다.
2) 집합 사이의 포함 관계	**< 학습 목표 >** ·두 집합 사이의 포함 관계를 이해한다. **< 지도상의 유의점 >** ·공집합이 모든 집합의 부분집합이고, 모든 집합은 자기 자신의 부분집합임을 직관적으로 이해하게 한다. ·진부분집합은 자기 자신을 제외한 부분집합임을 강조하여 지도한다. ·기호 $\in$, $\not\in$는 원소와 집합 사이의 관계를 나타낼 때 사용하고, 기호 $\subset$, $\not\subset$는 집합과 집합 사이의 관계를 나타낼 때 사용함을 이해하고 이를 구분할 수 있게 한다.
3) 집합의 연산	**< 학습 목표 >** ·집합의 연산을 할 수 있다. **< 지도상의 유의점 >** ·수에서의 서로소의 뜻과 집합에서의 서로소의 뜻을 분명하게 이해할 수 있게 지도한다. ·여집합은 반드시 전체집합에 대한 개념이 필요함을 인식하게 한다. ·$A-B$는 A에서 B를 빼는 것이 아니라 집합 A에서 집합 B의 공통인 부분을 제외한 것임을 설명하고, 일반적으로 $A-B \neq B-A$임을 이해하게 한다.

타. 'Ⅳ. 집합과 명제 - 2. 명제'

소단원	학습 목표 및 지도상의 유의점
1) 명제와 조건	**< 학습 목표 >** ·명제와 조건의 뜻을 알고, '모든', '어떤'을 포함한 명제를 이해한다.
	< 지도상의 유의점 > ·조건은 소문자 $p, q, r, \cdots$ 를 사용하고 진리집합은 대문자 $P, Q, R, \cdots$ 를 사용하도록 지도한다. ·진리집합은 전체집합에서 구할 수 있게 한다. ·명제의 형태는 문장, 등식, 부등식 등 여러 가지가 있으므로 다양한 예를 활용한다.
2) 명제 사이의 관계	**< 학습 목표 >** ·명제의 역과 대우를 이해한다. ·충분조건과 필요조건을 이해하고 구별할 수 있다.
	< 지도상의 유의점 > ·명제 $p \rightarrow q$가 참이면 그 대우 $\sim q \rightarrow \sim p$도 참임을 조건 p, q의 진리집합 P, Q를 벤다이어그램으로 나타내어 이해할 수 있게 지도한다. ·충분조건, 필요조건, 필요충분조건을 집합 사이의 포함 관계를 이용하여 이해할 수 있게 지도한다. ·'충분', '필요'라는 용어는 혼동하기 쉬우므로 수학 용어로서의 뜻을 정확히 이해하게 한다.
3) 여러 가지 증명법	**< 학습 목표 >** ·대우를 이용한 증명법과 귀류법을 이해한다.
	< 지도상의 유의점 > ·명제와 그 대우 사이의 관계를 이해하고, 대우를 이용하여 명제가 참임을 증명할 수 있게 지도한다. ·주어진 명제의 결론을 부정하여 모순을 이끌어 내는 귀류법을 이해할 수 있게 지도한다.
4) 절대 부등식	**< 학습 목표 >** ·절대부등식의 의미를 이해하고, 간단한 절대부등식을 증명할 수 있다.
	< 지도상의 유의점 > ·실수의 대소 관계에 대한 성질을 이용하여 절대부등식을 증명할 수 있도록 지도한다. ·등호가 포함된 절대부등식의 경우 등호가 성립할 때를 명시하도록 지도한다. ·절대부등식의 증명 방법에는 완전제곱식을 이용하는 방법과 양변을 제곱하여 비교하는 방법이 있음을 알고 이를 적당히 이용할 수 있게 한다.

파. 'V. 함수 - 1. 함수'

소단원	학습 목표 및 지도상의 유의점
1) 함수	< 학습 목표 > ·함수의 개념을 이해하고, 그 그래프를 이해한다. < 지도상의 유의점 > ·일대일 함수, 일대일대응, 항등함수, 상수함수 등을 시각적인 예시를 통해 설명함으로써 수식으로 표현된 함수를 이해하게 한다. ·일대일 함수와 일대일대응의 포함 관계를 이해하게 한다.
2) 합성 함수	< 학습 목표 > ·함수의 합성을 이해하고, 합성함수를 구할 수 있다. < 지도상의 유의점 > ·합성함수 $g \circ f$는 함수 f의 치역이 함수 g의 정의역에 포함되어야 정의할 수 있음을 이해하게 한다. ·두 함수 f, g를 정의할 때, 합성된 함수 $g \circ f$에서 f와 g의 순서가 바뀌지 않도록 유의하게 한다.
3) 역함수	< 학습 목표 > ·역함수의 의미를 이해하고, 주어진 함수의 역함수를 구할 수 있다. < 지도상의 유의점 > ·함수 f의 정의역, 공역은 각각 그 역함수 f^{-1}의 공역, 정의역이 됨을 이해하게 한다. ·함수 $y=f(x)$가 일대일대응일 때, 역함수 $y=f^{-1}(x)$는 $y=f(x)$에서 x를 y에 대한 식으로 나타내고 x와 y를 서로 바꾼 것임을 알게 한다. ·함수 $y=f(x)$와 그 역함수 $y=f^{-1}(x)$의 그래프는 직선 $y=x$에 대하여 서로 대칭임을 이해하게 한다.

하. 'V. 함수 - 2. 유리함수와 무리함수'

소단원	학습 목표 및 지도상의 유의점
1) 유리 함수	< 학습 목표 > ·유리함수 $y=\frac{ax+b}{cx+d}$의 그래프를 그릴 수 있고, 그 그래프의 성질을 이해한다. < 지도상의 유의점 > ·다항함수는 유리함수의 특수한 경우임을 이해하게 한다. ·$y=\frac{k}{x}$의 그래프에서 k의 절댓값이 클수록 원점에서 멀어지는 모양의 그래프가 되며, k의 부호에 따라 그래프가 지나는 사분면이 달라짐을 이해하게 한다.
2) 무리 함수	< 학습 목표 > ·무리함수 $y=\sqrt{ax+b}+c$의 그래프를 그릴 수 있고, 그 그래프의 성질을 이해한다. < 지도상의 유의점 > ·함수 $y=\sqrt{ax}$ $(a \neq 0)$의 그래프는 역함수 $y=\frac{x^2}{a}$ $(x \geq 0)$의 그래프를 이용해 그릴 수 있게 한다. ·무리함수 $y=\sqrt{ax+b}+c$의 그래프는 $y=\sqrt{a(x-p)}+q$의 꼴로 변형한 후 $y=\sqrt{ax}$의 그래프를 평행이동하여 그릴 수 있게 한다.

거. 'Ⅵ. 순열과 조합 – 1. 순열과 조합'

소단원	학습 목표 및 지도상의 유의점
1) 경우의 수	**< 학습 목표 >** ·합의 법칙과 곱의 법칙을 이해하고, 이를 이용하여 경우의 수를 구할 수 있다.
	< 지도상의 유의점 > ·합의 법칙은 두 사건이 동시에 일어나지 않을 때 성립한다는 것에 주의하게 한다. ·곱의 법칙은 두 사건이 잇달아 또는 동시에 일어날 때 순서쌍으로 정리하여 이해하도록 지도한다. ·경우의 수를 구할 때는 일어나는 경우를 빠짐없이 중복되지 않게 찾는 것이 중요함을 인식하게 한다.
2) 순열	**< 학습 목표 >** ·순열의 의미를 이해하고, 순열의 수를 구할 수 있다.
	< 지도상의 유의점 > ·순열은 순서를 생각하여 나열하는 경우의 수임을 강조하여 지도한다. ·순열의 수를 식으로 나타내는 방법에 익숙해질 수 있도록 간단한 예를 통하여 지도하며, 순열의 수를 구하는 공식의 유도과정을 곱의 법칙을 이용하여 이해하게 한다. ·기호 ${}_nP_0$, $0!$은 특별한 의미는 없지만 공식의 일반성을 위하여 ${}_nP_0=1$, $0!=1$로 정함을 이해하게 한다.
3) 조합	**< 학습 목표 >** ·조합의 의미를 이해하고, 조합의 수를 구할 수 있다.
	< 지도상의 유의점 > ·조합은 순열과 달리 순서를 정하지 않고 택하는 경우의 수임을 강조하여 지도한다. ·조합의 각 경우에 대해서 순서를 고려하여 나열하면 순열의 수가 됨을 이해하게 하고, 이를 통해 조합의 수를 나타내는 공식을 유도할 수 있게 한다. ·조합의 수를 식으로 나타내는 방법에 익숙해질 수 있도록 간단한 예를 통하여 지도하며, 이것을 일반화시킬 수 있게 한다. 또한 순열과의 차이를 이해하게 한다.

수학과 교수 · 학습 지도안 작성 및 수업능력(수업 실연) 평가

한 방에 끝낸다 / 수학

2021년 8월 20일 초판 인쇄

지은이 | 백광일 · 김덕희
펴낸곳 | 도서출판 수우당

주 소 | 51516 창원시 성산구 외동반림로 126번길 50
전 화 | 055-263-7365
팩 스 | 055-283-8365
이메일 | dlp1482@hanmail.net

출판등록 | 제567-2018-7호(2018.2.12)

ISBN 979-11-91906-00-4-13410

값 13,800원